国家电网有限公司
STATE GRID
CORPORATION OF CHINA

U0655443

国家电网有限公司
技能人员专业培训教材

农网电费核算与账务

国家电网有限公司　组编

中国电力出版社
CHINA ELECTRIC POWER PRESS

图书在版编目（CIP）数据

农网电费核算与账务 / 国家电网有限公司组编. —北京：中国电力出版社，2019.11
（2022.3重印）

国家电网有限公司技能人员专业培训教材

ISBN 978-7-5198-3853-9

Ⅰ. ①农… Ⅱ. ①国… Ⅲ. ①农村配电–用电管理–费用–中国–技术培训–教材
Ⅳ. ①F426.61

中国版本图书馆 CIP 数据核字（2019）第 251032 号

出版发行：中国电力出版社

地　　址：北京市东城区北京站西街 19 号（邮政编码 100005）

网　　址：http://www.cepp.sgcc.com.cn

责任编辑：张　瑶（010-63412503）

责任校对：王小鹏

装帧设计：郝晓燕　赵姗姗

责任印制：石　雷

印　　刷：三河市百盛印装有限公司

版　　次：2020 年 4 月第一版

印　　次：2022 年 3 月北京第四次印刷

开　　本：710 毫米×980 毫米　16 开本

印　　张：12.5　　插页：1

字　　数：239 千字

印　　数：3301—3800 册

定　　价：38.00 元

本书编委会

主　　任　　吕春泉

委　　员　　董双武　张　龙　杨　勇　张凡华

　　　　　　王晓希　孙晓雯　李振凯

编写人员　　于　燕　严婷婷　赵惠勤　夏　宏

　　　　　　刘霄峰　陈　岚　曹爱民　战　杰

　　　　　　张之明　马生坤

前　言

为贯彻落实国家终身职业技能培训要求，全面加强国家电网有限公司新时代高技能人才队伍建设工作，有效提升技能人员岗位能力培训工作的针对性、有效性和规范性，加快建设一支纪律严明、素质优良、技艺精湛的高技能人才队伍，为建设具有中国特色国际领先的能源互联网企业提供强有力人才支撑，国家电网有限公司人力资源部组织公司系统技术技能专家，在《国家电网公司生产技能人员职业能力培训专用教材》（2010 年版）基础上，结合新理论、新技术、新方法、新设备，采用模块化结构，修编完成覆盖输电、变电、配电、营销、调度等 50 余个专业的培训教材。

本套专业培训教材是以各岗位小类的岗位能力培训规范为指导，以国家、行业及公司发布的法律法规、规章制度、规程规范、技术标准等为依据，以岗位能力提升、贴近工作实际为目的，以模块化教材为特点，语言简练、通俗易懂，专业术语完整准确，适用于培训教学、员工自学、资源开发等，也可作为相关大专院校教学参考书。

本书为《农网电费核算与账务》分册，由于燕、严婷婷、赵惠勤、夏宏、刘霄峰、陈岚、曹爱民、战杰、张之明、马生坤编写。在出版过程中，参与编写和审定的专家们以高度的责任感和严谨的作风，几易其稿，多次修订才最终定稿。在本套培训教材即将出版之际，谨向所有参与和支持本书籍出版的专家表示衷心的感谢！

由于编写人员水平有限，书中难免有错误和不足之处，敬请广大读者批评指正。

目 录

第一部分

电 量 电 费 核 算

第一章

电 费 核 算

▲ 电费核算内容（Z35E1001 I）

【模块描述】本模块包括电费核算的内容及工作流程、电费审核业务具体工作步骤等内容。通过概念描述、术语说明、流程介绍、框图示意、要点归纳，掌握电费核算内容。

【模块内容】

电费核算是电费管理的重要组成部分。供电企业应依据国家的法律法规、电价政策标准、《供电营业规则》、功率因数调整电费办法以及相关的规范、规定，做好电费的核算工作。

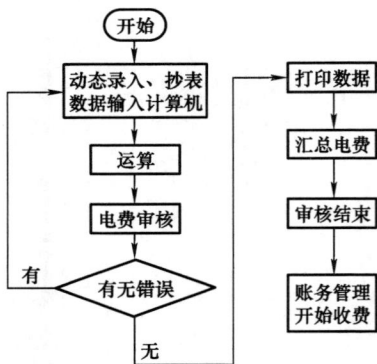

图 1-1-1 电量电费核算流程图

一、电费核算工作的流程

电量电费核算流程如图 1-1-1 所示。

二、电量电费核算作业规范

通常所说的电费核算，实际上包括电费计算及复核两部分内容。

二〇〇九年五月六日国家电网公司文件，国家电网营销〔2009〕475 号《国家电网公司电费抄核收工作规范》中进行了如下说明：

第四条 实施电费抄核收业务管理和流程规范化及作业标准化。应用营销自动化系统，实现电费抄核收工作全过程的量化监管和控制，保障抄表收费及资金安全，确保电费准确全额回收。

第八条 严格电量电费核算管理，确保电量电费核算的各类数据及参数的完整性、准确性和安全性。加强电量电费差错管理，所有电量电费退补须按规定的流程处理，退补方案须经严格审批。

第四章　电量电费核算作业规范

第二十四条　抄表数据校核结束后，应在 24 小时内完成电量电费计算工作。及时审核新装和变更工作单，保证计算参数及数据与现场实际情况一致。电价、计量及计费参数等与电量电费计算有关的资料录入、修改、删除等作业，均应有记录备查。做好可靠的数据备份和保存措施，确保数据的安全。

第二十五条　电量电费核算应认真细致。按财务制度建立应收电费明细账，编制应收电费日报表、日累计报表、月报表，明细账与报表应核对一致，保证数据完整准确。

（1）对新装用电客户、用电变更客户、电能计量装置参数变化的客户，其业务流程处理完毕后的首次电量电费计算，应逐户进行审核。对电量明显异常及各类特殊供电方式（如多电源、转供电等）的客户应重点复核。

（2）在电价政策调整、数据编码变更、营销信息系统软件修改、营销信息系统故障等事件发生后，应对电量电费进行试算并对各类客户的计算结果进行重点抽查审核。

（3）对电量电费复核过程中发现的问题应按规定的程序和流程及时处理，做好详细记录，并按月汇总形成复核报告。

三、电费审核业务具体工作步骤

1. 审核的基本信息

（1）示数（本次，上次）。有功电能表（总、尖、峰、谷、平）及无功电能表示数、正反向无功示数、最大需量、拆除计量装置表底电量。

（2）预结算的电费。预购电费、用电类别变化的电费、中断过户已收取的电费、已分期结算的电费。

（3）用电类别、电压等级。确定电价、各用电类别占总用电量的比例或定量。

（4）设备参数。线路、变压器信息（计算变压器损耗、线损、基本电费）。

（5）计量参数。TA 变比、TV 变比、电能表倍率、总分表关系、转供关系等。

（6）电价标准。电度电价、基本电费电价、阶梯电价、差别电价、代收电价标准。

（7）功率因数标准。

（8）退补电量。对电能表应退补电量的工作单，转供客户信息（客户号、容量、电量）。

（9）客户信息。客户全称、客户编号、详细地址、开户银行、税务登记号、联系电话、申请书号、申请时间、申请容量。

2. 客户用电异常信息的审核

在工作中，应及时、准确、认真的审核、处理新装、增容、表计轮换等各类变更用电业务工单及相关信息。

（1）对新装客户计费信息进行审核。根据用电申请、业务工作单等资料，及时、准确建立电费抄收信息。

（2）对电量电费计算涉及的原始信息变动进行核查，如更换电能表、互感器，容量、电价变化等。

（3）信息变动记录，应在原业务工单上进行标明，记录变动时间、工单编号等。

3. 电量电费计算

（1）电费审核员应及时进行电量电费计算。

（2）生成《缺抄客户清单》交抄表员补抄，并在补抄数据录入后对补抄户进行计算。

（3）对退补电量电费进行计算。

4. 电量电费审核

（1）审核计费信息（电价类别和标准、倍率、功率因数标准等）和电量电费处理方式（新旧表相加、分日记、退电量、补电量等）是否正确。

（2）对电量电费突增突减户分析原因，提请相关部门人员，对抄表读数进行确认核查。

5. 各类报表生成

（1）生成《应收电费日报表》。对日报中各项内容进行审核，以保证统计数据的准确性。

（2）生成实抄率、抄表差错率等报表。

（3）形成电费应收数据信息并提交给电费账务管理员。

（4）编制《应收电费汇总凭证》，经审核签章后分别送上级主管部门和财务部门。

6. 建立《差错记录清单》

对审核发现的差错逐笔登记在《差错记录清单》上，注明差错原因和责任人。

四、电费核算中常见问题及处理方法

1. 客户电价执行、功率因数调整电费标准的确认错误

电费复核的主要工作，就是确保客户的电价执行、电费计算的正确。在实践中，调整抄表日期的当月，未按规定对客户的基本电费及变压，特别是客户进行变更用电时，要重点复核电价执行错误及功率因数调整电费标准。

为避免这类问题发生，一方面要求供电企业加强对营业人员的业务知识培训和工作责任心的教育，建立严密的管理制度、操作流程和考核规定。

2. 客户抄表日期调整未对客户的基本电费及变压器损耗进行退补

大工业客户的基本电费及高供低计客户的变压器损耗，均应以天为最小单位进行

计算。在变更容量时，有严格的流程（工单）作保障，经过多道工序，涉及多个部门，出现差错的几率相对较少。如果单纯调整客户的抄表日期，更要注意电量电费的退补工作，以免出现调整抄表日期的当月，未按规定对客户的基本电费及变压器损耗等进行退补，结果造成向客户多收或少收电费的现象时有发生。

3. 采用最大需量计算基本电费的客户需量值异常

客户的最大需量是指客户在本结算周期内，每15min内的最大平均负荷。抄录的最大需量值，直接决定客户结算的基本电费，所以对按需量结算基本电费的大工业客户正确取得最大需量值相当重要。

在正常营业过程未正确取得最大需量的情况主要有两种情形：

（1）对安装普通需量表的客户，抄表时未正确读取需量表的需量值或对需量表未及时复位；

（2）对安装多功能电能表记录需量值的客户，电能表设置的抄表时间（即需量的自动复位时间）与实际抄表时间不对应，造成需量记录不正确。在电费复核时，当发现客户参与电费计算的需量值存在明显异常时，电费复核人员应及时与相关部门人员联系，进行现场确定。

4. 暂停客户电量异常

正常情况下，客户申请变压器暂停当月，一般都将引发电量电费的波动（突变）。特别是对办理全容量暂停的客户，在实施暂停后还有电量发生，就证明具体的营业工作一定发生了差错，出现了漏洞。

如果在电费复核时发现了此类问题，电费复核人员应立刻通知相关权限部门及时查找原因，并督促相关部门完成对客户电量电费的退补工作。

5. 计量装置故障、调换后未追补电量

客户计量装置故障，一般都会漏计电量；带电调换计费电能表，调换过程中需短接电流互感器，同时存在有电量退补的问题。但在实际电费复核时，经常会遇到有计费电能表、互感器的调换记录，但没有电量退补联系单（工单）的现象，此部分电量也需要通过退补的形式进行补收。

五、电费核算员的要求

（1）要具有高度的责任心，对用电客户的户名、地址、本月指数、上月指数、本月电量、电费、电价逐项审核。重点审核营销信息管理系统提供的信息异常工单，包括用电户本月电量与去年同期及与上月电量的异常情况；用电户本月均价与去年同期及与上月均价的异常情况；用电户本月变压器利用率与去年同期及与上月利用率的异常情况。对出现的异常情况要进行分析，及时发现问题，防止出现差错。

（2）电费核算员必须严格把好工作质量关。及时处理、审核新装、变更、换表、拆表等用电工单，保证电费计算发行的正确，保证电费核算的工作质量。

【思考与练习】

1. 电费核算工作的内容有哪些？

2. 电费审核员需审核的基本信息有哪些？

3. 电费审核员如何处理暂停客户电量异常？

第二章

电 费 计 算 方 法

◢ 模块 1　单一制电价用户电费计算方法（Z35E2001Ⅰ）

【模块描述】本模块包含单一制电价的适用范围、特点、电费计算方法、注意事项等内容。通过概念描述、术语说明、公式解析、计算举例，掌握单一制电价用户电费计算方法。

【模块内容】

一、电量

1. 抄见电量

抄见电量是指在结算周期内，供电企业在客户处安装的计费电能表实际记录的用电量，它的计算方法如下。

（1）低供低计

$$有功抄见电量 = （本期示数 - 上期示数）\times 乘率$$

$$无功抄见电量 = （本期示数 - 上期示数）\times 乘率$$

$$乘率 = 表计本身倍率$$

（2）高供低计

有功电量 = （本月有功电表示数 - 上月有功电表示数）× 乘率 + 变压器有功损耗

变压器有功损耗 = 有功铁损 + 有功铜损

正向无功电量 = （本月无功电表示数 - 上月无功电表示数）× 乘率

反向无功电量 = （本月无功电表示数 - 上月无功电表示数）× 乘率

无功总电量 = 正向无功电量 + |变压器无功损耗 - 反向无功电量|

变压器无功损耗 = 无功铁损 + 无功铜损

无功铜损 = 有功铜损 × K 值

乘率 = 电流互感器的变比 × 表计本身倍率

（3）高供高计

$$有功抄见电量 = （本月有功电表示数 - 上月有功电表示数）\times 乘率$$

$$无功抄见电量=（本月无功电表示数-上月无功电表示数）×乘率$$

$$乘率=电压互感器变比×电流互感器的变比×表计本身倍率$$

2. 损耗电量

《供电营业规则》第七十四条规定："用电计量装置原则上应装在供电设施的产权分界处。如产权分界处不适宜装表的，对专线供电的高压用户，可在供电变压器出口装表计量；对公用线路供电的高压用户，可在用户受电装置的低压侧计量。当用电计量装置不安装在产权分界处时，线路与变压器损耗的有功和无功电量均须由产权所有者负担。"这是损耗电量收取的依据。

（1）线损电量。用电计量装置应装设在产权分界点，产权分界点至客户受电装置的连接线路属于客户的自备资产，应由客户自行维护、运行，其线路的损耗电量也理应由客户承担。

在实际营业过程中，因受安装条件等的限制，经常会出现如"产权分界点不具备装设计量装置的条件"或"在产权分界点装设计量装置将使供、用双方的投入大大的增加"等情况，经供、用双方协商同意（要求在《供用电合同》中明确），将用电计量装置安装在供、用双方连接线路的适当位置（俗称"计量点"）。当计量点与产权分界点不一致时，它们之间连接线路的损耗电量就应该在结算电费时额外计收。以正常潮流方向为基准，当计量点在产权分界点前的，在结算电量中应减收线损电量；当计量点在产权分界点后的，在结算电量中应加收线损电量，线损电量一般包含有功线损和无功线损两部分。

（2）变损电量。变损电量是变压器损耗电量的简称，它包括变压器的铜损与铁损两部分，计算方法将在变压器损耗电量计算中具体介绍。

3. 退补电量

退补电量是指在用电营业过程中发生的，按规（约）定需参与电费计算的其他电量的总称。产生退补电量的原因很多，概括主要有以下几类：

（1）客户计量装置故障或接线错误造成的退补电量。

（2）营业工作中执行电价政策改变（包括正常改变和错误修改两种情况）或因营业工作差错引起的退补。

（3）用户违约用电和窃电进行的退补。

（4）调整抄表时间对部分客户产生的退补。

退补电量为非常规结算电量，无论因何种原因产生，均应在确定前与客户取得联系，协商一致后才可正式参与电费计算，以避免影响正常电费的回收。

4. 计费电量

计费电量就是供电企业对电力客户最终结算电费的电量，综合上述因素，结算电

量值的计算式为

计费电量=抄见电量±线损电量+变损电量±退补电量±其他电量

电量的计算结果一般小数位四舍五入取整。

二、各类销售电价适用范围

根据《国务院办公厅关于印发电价改革方案的通知》（国办发〔2003〕62号）、《国家发展改革委关于印发电价改革实施办法的通知》（发改价格〔2005〕514号）等有关规定，决定逐步调整销售电价分类结构，规范各类销售电价的适用范围。未来国家将逐步建立结构清晰、比价合理、繁简适当的销售电价分类结构体系，将现行销售电价逐步归并为居民生活用电、农业生产用电和工商业及其他用电。

（1）居民生活用电价格，是指城乡居民家庭住宅以及机关、部队、学校、企事业单位集体宿舍的生活用电价格。

城乡居民住宅小区公用附属设施用电（不包括从事生产、经营活动用电），执行居民生活用电价格。

学校教学和学生生活用电、社会福利场所生活用电、宗教场所生活用电、城乡社区居民委员会服务设施用电以及监狱监房生活用电，执行居民生活用电价格。

（2）农业生产用电价格，是指农业、林木培育和种植、畜牧业、渔业生产用电，农业灌溉用电，以及农业服务业中的农产品初加工用电的价格。其他农、林、牧、渔服务业用电和农副食品加工业用电等不执行农业生产用电价格。

（3）工商业及其他用电价格，是指除居民生活及农业生产用电以外的用电价格。

农村饮水安全工程供水用电，执行居民生活用电或农业生产用电价格，具体由各省（区、市）价格主管部门根据实际情况确定。

销售电价分类结构原则上应于5年左右调整到位。过渡期间可采取以下措施：

（1）暂单列大工业用电类别。将现行大工业用电中的电解铝、电炉铁合金、电解烧碱、黄磷、电石、中小化肥等用电逐步归并于大工业用电类别。

（2）将现行非居民照明、非工业及普通工业、商业三类用电归并为一般工商业及其他用电类别。

（3）一般工商业及其他用电与大工业用电，逐步归并为工商业及其他用电类别。

（4）将目前单列的农业排灌用电、贫困县农业排灌用电和深井高扬程用电，逐步归并到农业生产用电类别。

（5）在用电类别归并过程中，按电压等级进行分挡定价。具备条件的，可同时按电压等级、用电容量或单位容量用电量（利用小时）进行分挡定价。

（6）一般工商业及其他用电中，受电变压器容量（含不通过变压器接用的高压电动机容量）在315kVA（kW）及以上的，可先行与大工业用电实行同价并执行两部制电价。具备条件的地区，可扩大到100kVA（kW）以上用电。

以现行的某省电网销售电价为例，见表2-1-1。

表 2-1-1 　　　　　　　　　　　某省电网销售电价表 　　　　　　　单位：元/kWh

用电分类			电度电价						基本电价	
			不满1kV	1～10kV	20～35kV以下	35～110kV以下	110kV	220kV以上	最大需量[元/（kW·月）]	变压器容量[元/（kVA·月）]
一、居民生活用电	阶梯电价	年用电量≤2760kWh	0.528 3	0.518 3						
		2760kWh<年用电量≤4800kWh	0.578 3	0.568 3						
		年用电量>4800kWh	0.828 3	0.818 3						
	其他居民生活用电		0.548 3	0.538 3						
二、一般工商业及其他用电			0.671 5	0.646 5	0.636 5	0.621 5				
三、大工业用电				0.641 8	0.635 8	0.626 8	0.611 8	0.596 8	40	30
四、农业生产用电			0.509 0	0.499 0	0.493 0	0.484 0				

三、执行单一制电价客户的电费构成

执行单一制电价客户是以电度电价结算电费的。电度电价包含目录电度电价和代征电价。目录电度电价是指不含代征电价的电度电价；代征电价是所有基金及附加单价的总和。对应的电费分别是目录电度电费和代征电费。

受电容量大于等于100kVA（kW），需要执行功率因数考核的客户还包括功率因数调整电费。

1. 目录电度电费

目录电度电费是客户的结算有功电量与该结算有功电量所对应的目录电度电价单价的乘积。若客户执行分时电价，则目录电度电费应分为高峰目录电度电费、平段目录电度电费、低谷目录电度电费。

2. 代征电费

代征电费是指按照国务院授权部门批准，根据国家发改委电价相关政策，随结算有功电量征收的基金及附加所对应的费用。每一种用电类别下，都有按规定代征的基金及附加。

3. 功率因数调整电费

功率因数调整电费是根据客户本抄表周期内的实际功率因数及该客户所执行的功率因数标准，按功率因数调整电费表的调整系数对客户承担的目录电度电费进行相应调整的电费。

四、单一制电价电费的计算方法

1. 居民客户电费的计算方法

居民客户用电主要是指城乡居民生活用电。由于国民经济的迅速发展，改革开放不断深入，人民生活水平逐步改善与提高，居民客户用电已由过去单一照明向家庭家电广泛应用过渡，已从以往电视、冰箱、洗衣机等向中高档空调机、厨房电炊等发展，用电量急剧上升成为居民生活用电重要一环，不可忽视。居民客户电费我国仍划归为单一制电价范围。

居民客户电费计算公式为

$$电费金额=结算电量×电价$$

居民峰谷分时电价：

$$电费金额=峰抄见电量×峰电价+谷抄见电量×谷电价$$

2. 居民阶梯电价电费的计算方法

国家发展改革委《印发关于居民生活用电试行阶梯电价的指导意见的通知》（发改价格〔2011〕2617 号），为稳步有序推进居民生活用电试行阶梯电价工作，确保实现预定的电价政策执行目标，特制定了实施方案。

居民阶梯电价计算公式为

$$总用电量=第一挡用电量+第二挡用电量+第三挡用电量=峰电量+谷电量$$

（1）基础电费=峰电量×第一挡峰电价+谷电量×第一挡谷电价

（2）第二挡递增电费=第二挡用电量×第二挡递增电价

（3）第三挡递增电费=第三挡用电量×第三挡递增电价

$$总电费=基础电费+第二挡递增电费+第三挡递增电费$$

3. 其他单一制电价客户电费计算方法

其他单一制电价主要包括：非居民照明；非工业电价（含商业电价第三产业电价）；普通工业电价；农业生产电价；贫困县农业排灌电价等。其他单一制电价客户容量达到 100kVA 及以上的，还要实行功率因数调整电费办法。功率因数调整电费计算公式为：

$$电费金额=结算电量×电价+结算电量×（电价–相应基金）×（±）功率因数\%$$

4. 实行峰谷分时电价客户电费计算方法

电费金额=高峰抄见电量×高峰电价+低谷抄见电量×低谷电价+平段抄见电量×

平段电价+［高峰抄见电量×（高峰电价−相应基金）+低谷抄见电量×（低谷电价−相应基金）+平段抄见电量×（平段电价−相应基金）］×（±）功率因数%

五、计算实例

1. 居民客户的电费计算实例

【例2-1-1】有一居民客户本月电能表抄见电量为85kWh，假定电价为0.50元/kWh，试问该客户本月应交多少电费？

解： 85×0.50=42.5（元）

答： 该客户本月应交电费为42.5元。

2. 其他单一制电价客户电费计算实例

【例2-1-2】某氧气厂为工业用电，10kV供电，高供高计，变压器容量为200kVA，2012年5月有功电量为70 390kWh，其中峰电量为22 753kWh，谷电量为23 255kWh，平电量为24 382kWh，无功电量为28 668kWh，请计算该户的功率因数、功率因数调整电费、5月总电费（设电价0.616 7元/kWh，电价系数，高峰电价在平段电价基础上上浮50%，低谷电价在平段电价基础上下浮50%，均不含价外基金及附加费，其中城市附加费0.01元，再生能源费0.001元，地方附加费0.000 5元，农网还贷0.008 3元）。

解： 峰段电度电费为0.616 7×150%×22 753=21 047.66（元）

谷段电度电费为0.616 7×50%×23 255=7170.68（元）

平段电度电费为0.616 7×24 382=15 036.38（元）

电度电费合计为21 047.66+7170.68+15 036.38=43 254.72（元）

加价合计为70 390×（0.01+0.001+0.000 5+0.008 3）=1393.72（元）

功率因数为0.93

根据功率因数调整因数对照表，应减收0.45%电费。

功率因数调整电费为43 254.72×（−0.45%）=−194.65（元）

该户电费总计为43 254.72+1393.72+194.65=44 843.09（元）

答： 该户功率因数为0.93，功率因数调整电费194.65元，5月总电费44 999.79元。

3. 居民阶梯电价电费计算实例

【例2-1-3】某用户为非分时居民，单月抄表，按抄表日正常抄表，3～7月抄见电量累计2700kWh，9月份抄见总电量2200kWh，计算该用户本次电费（设居民月用电量，第一挡为230kWh及以内，现行电价标准0.528 3元/kWh；第二挡为231～400kWh，在第一挡电价的基础上，每度加价0.05元；第三挡为高于400kWh部分，在第一挡电价的基础上，每度加价0.3元）。

解： 第一挡年度总基数230×12=2760（kWh）

第二挡年度总基数 400×12=4800（kWh）

累计电量 2700+2200=4900kWh，已大于第一挡 2140kWh，大于第二挡 100kWh

基础电费=2200kWh×0.528 3 元/kWh=1162.26（元）

第二挡递增电费=（400×12−230×12）kWh×0.05 元/kWh=102（元）

第三挡递增电费=［2200−（230×12−2700）−（400×12−230×12）］kWh×0.3 元/kWh
=30（元）

合计电费：1162.26+102+30=1294.26（元）

答：该用户本次电费 1294.26 元。

【思考与练习】

1. 有一居民客户本月电能表抄见电量为 185kWh，假定电价为 0.52 元/kWh，试问该客户本月应交多少电费？

2. 某普通工业客户采用 10kV 供电，供电变压器为 250kVA，计量方式高供低计。根据《供用电合同》，该户每月加收线损电量 3%和变损电量。已知该客户 3 月抄见有功电量为 42 000kWh，无功电量为 8000kvarh，有功变损为 1037kWh，无功变损为 7200kvarh。试求该客户 3 月的功率因数调整电费为多少？（假设电价为 0.642 7 元/kWh）

3. 某用户为非分时居民，双月抄表，按抄表日正常抄表，2~4 月抄见电量累计 2400kWh，6 月份抄见总电量 3000kWh，计算该用户本次电费（设居民月用电量，第一挡为 230kWh 及以内，现行电价标准 0.528 3 元/kWh；第二挡为 231~400kWh，在第一挡电价的基础上，每度加价 0.05 元；第三挡为高于 400kWh 部分，在第一挡电价的基础上，每度加价 0.3 元）。

◢ 模块 2　功率因数调整电费管理办法（Z35E2002Ⅰ）

【模块描述】本模块包括功率因数调整电费的效益、增减电费幅度计算、功率因数调整电费的适用范围、功率因数调整电费管理办法等内容。通过概念描述、术语说明、公式解析、列表示意、计算举例，掌握功率因数调整电费管理办法。

【模块内容】

一、功率因数改善的社会效益

（1）通过改善功率因数，可减少发供电企业的设备投资，并且降低设备本身电能的损耗。

（2）功率因数的改善，可减少供电系统中的电压损失，可以使负载电压更稳定，改善电能的质量。

（3）功率因数的改善，可增加发供电设备的能力。如果系统的功率因数低，那么在既有设备容量不变的情况下，装设电容器后，可增加设备的有功出力。

（4）减少了客户的电费支出。功率因数的改善，可以降低客户用电设备自身的损耗，也可以改善客户的电能质量，依据"依功率因数调整电费的办法"客户可得到电费的优惠政策，从而降低客户的电费支出。

二、功率因数调整电费管理办法

我国现行的功率因数考核，是参照 1983 年出台的《功率因数调整电费办法》进行的。它根据客户不同的用电性质及功率因数可能达到的程度，分别规定其功率因数标准值及不同的考核办法。

按月考核加权平均功率因数，分为以下三个不同级别。级别划分一般按客户用电性质、供电方式、电价类别及用电设备容量等因素来完成。

（1）功率因数标准 0.90，适用于 160kVA 以上的高压供电工业用户（包括社队工业用户），装有带负荷调整电压装置的高压供电电力用户和 3200kVA 及以上的高压供电电力排灌站。

（2）功率因数标准 0.85，适用于 100kVA（kW）及以上的其他工业用户（包括社队工业用户），100kVA（kW）及以上的非工业用户，100kVA（kW）及以上的商业和 100kVA（kW）及以上的电力排灌站。

（3）功率因数标准 0.80，适用于 100kVA（kW）及以上的农业用户和趸售用户，但大工业用户未划由供电企业直接管理的趸售用户，功率因数标准应为 0.85。

凡实行功率因数调整电费的客户，应装有带防倒装置的无功电能表，按客户每月实用有功电量和无功电量，计算月考核加权平均功率因数；凡装有无功补偿设备且有可能向电网倒送无功电量的客户，应随其负荷和电压变动及时投、切部分无功补偿设备，电力部门应在计量点加装带有防倒装置的反向无功电能表，按倒送的无功电量与实用无功电量两者绝对值之和计算月平均功率因数。

三、功率因数的计算

（1）凡实行功率因数调整电费的客户，应装设带有防倒装置的无功电能表，按客户每月实用有功电量和无功电量，计算月平均功率因数。

（2）凡装有无功补偿设备且有可能向电网倒送无功电量的客户，应随其负荷和电压变动及时投入或切除部分无功补偿设备，电业部门并应在计费计量点加装带有防倒装置的反向无功电能表，按倒送的无功电量与实用无功电量两者的绝对值之和，计算月平均功率因数。

（3）根据电网需要，对大客户实行高峰功率因数考核，加装记录高峰时段内有功、无功电量的电能表。

四、电费的调整

根据计算的功率因数,高于或低于规定标准时,在按照规定的电价计算出其当月电费后,再按照功率因数调整电费表(见表 2-2-1~表 2-2-3)所规定的百分数增减电费。如客户的功率因数在功率因数调整电费表所列两数之间,则以四舍五入计算。

表 2-2-1　　　　　　　　以 0.90 标准值的功率因数调整电费表

减收电费	实际功率因数	0.90	0.91	0.92	0.93	0.94	0.95~1.00												
	月电费减少(%)	0.0	0.15	0.30	0.45	0.60	0.75												
增收电费	实际功率因数	0.89	0.88	0.87	0.86	0.85	0.84	0.83	0.82	0.81	0.80	0.79	0.78	0.77	0.76	0.75	0.74	0.73	
	月电费增加(%)	0.5	1.0	1.5	2.0	2.5	3.0	3.5	4.0	4.5	5.0	5.5	6.0	6.5	7.0	7.5	8.0	8.5	
减收电费	实际功率因数																		
	月电费减少(%)																		
增收电费	实际功率因数	0.72	0.71	0.70	0.69	0.68	0.67	0.66	0.65	功率因数自 0.64 及以下,每降低 0.01 电费增加 2%									
	月电费增加(%)	9.0	9.5	10.0	11.0	12.0	13.0	14.0	15.0										

表 2-2-2　　　　　　　　以 0.85 标准值的功率因数调整电费表

减收电费	实际功率因数	0.85	0.86	0.87	0.88	0.89	0.90	0.91	0.92	0.93	0.94~1.00								
	月电费减少(%)	0.0	0.1	0.2	0.3	0.4	0.5	0.65	0.80	0.95	1.1								
增收电费	实际功率因数	0.84	0.83	0.82	0.81	0.80	0.79	0.78	0.77	0.76	0.75	0.74	0.73	0.72	0.71	0.70	0.69	0.68	
	月电费增加(%)	0.5	1.0	1.5	2.0	2.5	3.0	3.5	4.0	4.5	5.0	5.5	6.0	6.5	7.0	7.5	8.0	8.5	
减收电费	实际功率因数																		
	月电费减少(%)																		
增收电费	实际功率因数	0.67	0.66	0.65	0.64	0.63	0.62	0.61	0.60	功率因数自 0.59 及以下,每降低 0.01 电费增加 2%									
	月电费增加(%)	9.0	9.5	10.0	11.0	12.0	13.0	14.0	15.0										

表2-2-3　　　　　　　　　　　以0.80标准值的功率因数调整电费表

减收电费	实际功率因数	0.80	0.81	0.82	0.83	0.84	0.85	0.86	0.87	0.88	0.89	0.90	0.91	0.92~1.00			
	月电费减少（%）	0.0	0.1	0.2	0.3	0.4	0.5	0.6	0.7	0.8	0.9	1.0	1.15	1.30			
增收电费	实际功率因数	0.79	0.78	0.77	0.76	0.75	0.74	0.73	0.72	0.71	0.70	0.69	0.68	0.67	0.66	0.65	0.64	0.63
	月电费增加（%）	0.5	1.0	1.5	2.0	2.5	3.0	3.5	4.0	4.5	5.0	5.5	6.0	6.5	7.0	7.5	8.0	8.5
减收电费	实际功率因数																
	月电费减少（%）																
增收电费	实际功率因数	0.62	0.61	0.60	0.59	0.58	0.57	0.56	0.55	功率因数自0.54及以下，每降低0.01电费增加2%							
	月电费增加（%）	9.0	9.5	10.0	11.0	12.0	13.0	14.0	15.0								

五、功率因数调整电费计算示例

【例2-2-1】某工厂10kV高压供电，设备容量3200kVA，本月有功电量278 000kWh，无功电量280 000kvarh，基本电价20元/（kVA·月），电度电价0.50元/kWh。不考虑各项基金及附加费用，计算该厂月加权平均功率因数和本月功率因数调整电费。

解：该厂电费20×3200+0.50×278 000=64 000+139 000=203 000（元）

$$该厂月加权平均功率因数：\cos\varphi=\frac{278\,000}{\sqrt{278\,000^2+280\,000^2}}=0.70$$

按照"依功率因数调整电费办法"规定，该厂本月功率因数调整电费应加收10%，即：功率因数调整电费=203 000×10%=20 300（元）。

答：该厂月加权平均功率因数为0.70，本月功率因数调整电费为20 300元。

【例2-2-2】某普通工业客户采用10kV供电，受电变压器为250kVA，计量方式用低压计量。根据《供用电合同》，该户每月加收线损电量3%和变损电量。已知该客户3月抄见有功电量为40 000kWh，无功电量为10 000kvarh，有功变损为1037kWh，无功变损为7200kvarh。试求该客户3月的功率因数调整电费为多少？（假设电价为0.50元/kWh）

解：总有功电量=抄见电量+变损电量+线损电量

　　　　　　=（40 000+1037）×（1+3%）=42 268（kWh）

$$总无功电量=（10\ 000+7200）×（1+3\%）=17\ 716（kvarh）$$

$$功率因数：\cos\varphi=\frac{42\ 268}{\sqrt{42\ 268^2+17\ 716^2}}=0.92$$

电费调整率为 0.3%，则

$$功率因数调整电费=42\ 268×0.50×0.3\%=63.40（元）$$

答：功率因数调整电费为 63.40 元。

【例 2–2–3】 某高压工业客户，用电容量为 1000kVA，某月有功电量为 40 000kWh，无功电量为 30 000kvarh，电费（不含附加费）总金额为 12 600 元。后经营业普查发现抄表员少抄该客户无功电量 9670kvarh，试问应补该客户电费多少元？

解：该客户执行功率因数标准为 0.9。

该客户抄见功率因数=0.80，查表得电费调整率为 5%。

实际功率因数=0.71，查表得电费调整率为 9.5%。所以

$$该客户实际电费=12\ 600/（1+5\%）×（1+9.5\%）=13\ 140（元）$$

$$应追补电费=13\ 140–12\ 600=540（元）$$

答：应追补该客户电费 540 元。

【思考与练习】

1. 功率因数的改善会带来哪些社会效益？

2. 哪些用户的功率因数标准执行 0.85？

3. 某客户 10kV 高压供电，设备容量 3200kVA，本月有功电量 278 000kWh，无功电量 280 000kWh，基本电价为 20 元/（kVA·月），电度电价 0.50 元/kWh。不考虑各项基金及附加费用，计算该厂本月功率因数调整电费。

模块 3　功率因数与无功补偿（Z35E2003Ⅱ）

【模块描述】 本模块包括功率因数的定义、功率因数的测量和计算、无功补偿容量的计算方法、无功补偿方式等内容。通过概念描述、术语说明、公式解析、图表示意、计算举例，掌握无功补偿容量计算方法。

【模块内容】

一、功率因数的定义

在交流电路中，电压与电流之间的相位差（φ）的余弦叫作功率因数，用符号 $\cos\varphi$ 表示，在数值上，功率因数是同一线路中有功功率和视在功率的比值，即

$$\cos\varphi=\frac{P}{S}=\frac{P}{\sqrt{3}UI} \tag{2-3-1}$$

式中 U——线电压，kV；

I——线电流，A。

上式说明，在电压和电流一定的条件下，功率因数 $\cos\varphi$ 越高，其有功功率 P 越大，电网所发挥的视在功率 S 中用来做有功功率的比重越大。因此，改善 $\cos\varphi$ 可以充分发挥设备的潜力，提高设备的利用率。

功率因数的大小与电路的负荷性质有关，如白炽灯泡、电阻炉等纯电阻性负荷的功率因数近似为 1，一般具有电感或电容性负载的电路功率因数都小于 1。功率因数是电力系统的一个重要的技术数据。功率因数是衡量电气设备电力负荷使用情况效率高低的一个系数。功率因数低，说明电路用于交变磁场转换的无功功率大，从而降低了设备的有功负荷利用率，增加了线路供电损失。所以，供电部门对用电客户单位的功率因数有一定的标准要求。

二、功率因数的测量和计算

1. 瞬时功率因数

瞬时功率因数是客户用电负荷的瞬时特性，是某一时刻的客户有功功率与视在功率的比值。该数值可用专用的功率因数表测得，实际工作中，该数值对一般客户没有普遍的实用价值，所以一般客户不需装接。

2. 平均功率因数

平均功率因数是依据一定时期内客户用电情况求得的一个加权平均值，可依据客户装接的有功电能表和无功电能表的读数通过计算求得。计算公式如下

$$\cos\varphi = \frac{W_P}{\sqrt{W_P^2 + W_Q^2}} \qquad (2\text{-}3\text{-}2)$$

式中 W_P——考核期内客户的有功电量，kWh；

W_Q——考核期内客户的无功电量，kvarh；

$\cos\varphi$——客户考核期内的平均功率因数。

三、客户端无功补偿的一般原则

（1）应按电压等级进行逐级补偿，做到就近供应、就地平衡，使电网输送的无功电力为最少，保证无功潮流分布经济合理。

（2）分散补偿与集中补偿相结合，以分散补偿为主，以取得最大节能的经济效益。

（3）补偿的无功电源应做到随负荷变化进行调整，并尽可能实现自动投切，以防止过补偿及因过补偿造成无功倒送，不仅降低补偿的经济效益，也增加电能损耗，影响电压质量，给电网和客户带来危害。

四、无功补偿容量的计算方法

无论对客户还是供电企业，功率因数的提高，都有着重要的经济和社会效益。正

确定补偿地点的无功补偿量是合理进行无功补偿的基本条件，无功补偿量可以用下式来计算确定

$$Q_C = P(\tan\varphi_1 - \tan\varphi_2) \tag{2-3-3}$$

式中　P——最大负荷月的平均有功功率，kW；

　　　Q_C——电容补充容量，kvar；

　　　φ_1——补偿前负载平均功率因数；

　　　φ_2——补偿后负载平均功率因数。

当然，也可以通过查表法获取电容器容量的选择。

无功电力平衡的基本原则是全网无功电源总和等于全网无功负荷加上全网的无功总损耗。全网无功电源包括外部大电网输入的无功、网内所有发电机的无功可调出力、网内所有输电线路的充电功率及网内现有电容器出力。无功总损耗包括网内所有主变压器二次侧与直供客户的无功总负荷，网内所有主、配电变压器的无功总损耗及所有输配电线路的无功总损耗。

现在确定无功补偿容量的方法有很多种，归纳起来有如下几种：

（1）利用合理的补偿度确定补偿容量。所谓补偿度，是指补偿容量 Q_C 占电网总无功消耗 Q 的百分比，即

$$a = \frac{Q_C}{Q} \tag{2-3-4}$$

补偿前的有功功率损耗为

$$\Delta P_{L1} = \frac{S^2 R \times 10^{-3}}{U_e^2} = \frac{P^2 + Q^2}{U_e^2} R \times 10^{-3} \tag{2-3-5}$$

加装补偿电容 Q_C 之后，有功功率损耗为

$$\Delta P_{L2} = \frac{P^2 + (Q - Q_C)^2}{U_e^2} R \times 10^{-3} \tag{2-3-6}$$

补偿后有功功率损耗减少值为

$$\Delta P_L = \Delta P_{L1} - \Delta P_{L2} = \frac{Q_C(2Q - Q_C)R}{U_e^2} \times 10^{-3} \tag{2-3-7}$$

引入无功经济当量 λ_b，无功经济当量的意义是线路投入单位补偿容量时，有功损耗的减少值为

$$\lambda_b = \frac{\Delta P_L}{Q_C} = \frac{P_Q}{Q}\left(2 - \frac{Q_C}{Q}\right) = \beta_Q\left(2 - \frac{Q_C}{Q}\right) \tag{2-3-8}$$

式中　P_Q——Q 个单位无功功率通过线路时，由线路电阻 R 所引起的损耗，kW；

β_Q ——单位无功功率通过线路时，由线路电阻 R 所引起的损耗，kW；

$\dfrac{Q_C}{Q}$ ——无功功率的相对降低值，称为补偿度。

由式（2-3-8）可见，当补偿度 a 很低时，无功经济当量 $\lambda_b = 2\beta_Q$，当补偿容量很大时，补偿度 a 约等于 1，当功率因数较高时，无功经济当量 $\lambda_b = \beta_Q$，因此，补偿容量越大，对减少有功功率的作用变小，也就是说，并非补偿容量越大越经济，补偿容量选取多大为佳，关键要看功率因数提高到什么程度最有利，这要通过技术经济比较确定。

（2）依据提高功率因数需要确定补偿容量。设配电网的最大负荷月的平均有功功率为 P_{av}，补偿前的功率因数为 $\cos\varphi_1$，补偿后的功率因数为 $\cos\varphi_2$，则所需的补偿容量 Q_C 的计算公式为

$$Q_C = P_{av}(\tan\varphi_1 - \tan\varphi_2) \tag{2-3-9}$$

若要求将功率因数由 $\cos\varphi_1$ 提高到 $\cos\varphi_2$ 而小于 $\cos\varphi_3$，则补偿容量 Q_C 计算为

$$P_{PJ}(\tan\varphi_1 - \tan\varphi_2) \leqslant Q_C \leqslant P_{av}(\tan\varphi_1 - \tan\varphi_3) \tag{2-3-10}$$

（3）依据降低线路有功损耗需要来确定补偿容量。设补偿前线路中的电流为 I_1，相应的有功电流（纯电阻电流）为 I_{R1}，无功电流为 I_{X1}；补偿无功 Q_C 后线路中的电流为 I_2，相应的有功电流（纯电阻电流）为 I_{R2}，无功电流为 I_{X2}，则：

补偿前的线路损耗为

$$\Delta P_1 = 3I_1^2 R = 3\left(\frac{I_{R1}}{\cos\varphi_1}\right)^2 R \tag{2-3-11}$$

补偿后的线路损耗为

$$\Delta P_2 = 3I_2^2 R = 3\left(\frac{I_{R2}}{\cos\varphi_2}\right)^2 R \tag{2-3-12}$$

则补偿后线损降低的百分值为

$$\Delta P\% = \frac{\Delta P_{L1} - \Delta P_{L2}}{\Delta P_{L2}} \times 100\% = \left[1 - \left(\frac{\cos\varphi_1}{\cos\varphi_2}\right)^2\right] \times 100\% \tag{2-3-13}$$

若根据要求 $\Delta P\%$ 已经确定，则可求得

$$\cos\varphi_2 = \frac{\cos\varphi_1}{\sqrt{1 - \Delta P}} \tag{2-3-14}$$

则补偿容量可以按计算 $Q_C = P_{av}(\tan\varphi_1 - \tan\varphi_2)$。

（4）依据提高运行电压需要来确定补偿容量。配电线路末端电压较低，通常是通

过无功补偿来提高供电电压的，因此，有时要从提高线路电压来确定补偿容量。

单相线路补偿容量

$$Q_C = \frac{U_2' \Delta U}{X} \qquad (2-3-15)$$

若为三相线路，则所需的补偿容量为

$$Q_C = \frac{U_{2L}' \Delta U_L}{X} \qquad (2-3-16)$$

式中　ΔU_L——三相线路的线电压增量，kV；

　　　U_{2L}'——三相线路的线电压，kV。

（5）依据变压器和电动机的无功损耗来确定补偿容量。从电磁学的角度而言，电动机与变压器的原理是一样的，它们所消耗的无功功率可按下列方法确定

$$\Delta Q = Q_0 + K_{fz}^2 Q_K = (I_0\% + K_{fz}^2 U_k\%) S_N \times 10^{-3} \qquad (2-3-17)$$

式中　$I_0\%$——为空载电流与额定电流的百分比，%；

　　　K_{fz}——负荷率，%；

　　　$U_k\%$——短路电压与额定电压的百分值，%；

　　　S_e——额定容量，kVA。

（6）依据低压线路的无功损耗来确定补偿容量。低压线路的无功功率损耗为线路等值电抗 X_L 所消耗的无功功率损耗，可按下列方法计算

$$\Delta Q_L = 3I^2 X_L \times 10^{-3} = \frac{P^2 + Q^2}{U_e^2} X_L \times 10^{-3} \qquad (2-3-18)$$

式中　P——线路的有功功率，kW；

　　　Q——线路的无功功率，kvar。

【例2-3-1】图2-3-1给出某10kV配电变压器低压侧集中补偿的接线图，各条出线的参数和设备容量见表2-3-1，今欲将功率因数提高到0.97，试计算确定无功补偿容量。

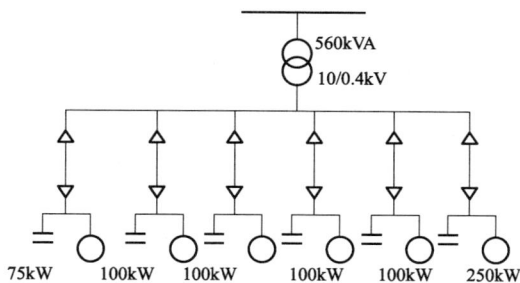

图2-3-1　某10kV配电变压器低压侧集中补偿的接线图

已知 560kVA 变压器的短路损耗 P_k=9.4kW，短路电压百分值 $U_k\%$=4.49，短路无功损耗 Q_k=25kvar。该用户每天满载运行 16h，轻载运行 8h，一年按 350 天计算。

表 2-3-1　　　　　　　　　现 参 数 及 设 备 容 量

负载	数量（台）	设备容量（kW）	负荷系数	平均功率（kW）	平均$\cos\varphi$	总平均功率（kW）	总平均$\cos\varphi$	轻载有功功率（kW）	轻载$\cos\varphi$
电动机	3	3×100	0.8	240	0.87	475	0.84	150	0.8
电动机	1	75	0.75	60	0.86				
各种设备	38	350	0.5	175	0.8				

解：求补偿电容器的容量 Q_C

$$\cos\varphi_1=0.84，\tan\varphi_1=0.645$$
$$\cos\varphi_2=0.97，\tan\varphi_2=0.246$$

根据补偿要求可知，补偿电容的容量 Q_C 为

$$Q_C = P_{av}(\tan\varphi_1 - \tan\varphi_2)$$
$$Q_C = 475 \times (0.645 - 0.246) = 188（kvar）$$

【思考与练习】

1. 客户端无功补偿的一般原则是什么？

2. 自然功率因数、瞬时功率因数、平均功率因数的概念是什么？

3. 某用电单位月有功电量 500 000kWh，无功电量 400 000kvarh，月利用小时为 500h，问月平均功率因数为多少？若将功率因数提高到时，需补偿多少无功功率 Q_C？

◢ 模块 4　基本电费计算方法（Z35E2004Ⅱ）

【模块描述】 本模块包括最大需量、基本电费的相关规定、客户基本电费计算标准、大工业客户自行选择基本电费的计费方式等内容。通过概念描述、术语说明、公式解析、计算举例，掌握客户基本电费的计算方法。

【模块内容】

一、基本电费的相关规定

基本电费的计算依据《供电营业规则》可以有两种方法：一个是依据客户的最大需量，一个是客户的使用电力的容量（含直配电动机，每 1kW 视同 1kVA）。

基本电价是代表电力企业中的容量成本，即固定资产的投资费用。

根据国家发改委《关于完善两部制电价用户基本电价执行方式的通知》（发改办价

格〔2016〕1583 号）文件的相关规定，大工业用户基本电价按变压器容量或按最大需量计费，由用户自愿选择。计费方式变更周期从现行按年调整为按季（三个月）变更，电力用户提前 15 个工作日向电网企业申请变更下三个月的基本电价计费方式，申请变更当月的基本电费仍按原方式计收。

1. 按最大需量或按变压器容量

按照变压器容量收取基本电费的原则为：基本电费以月计算，但新装、增容、变更与终止用电，当月的基本电费可按实用天数（日用电不足 24h 的，按一天计算），每日按全月基本电费 1/30 计算。事故停电、检修停电、计划限电不扣减基本电费。

2. 对转供容量的计算

转供户扣除转供容量不足两部制电价标准的，按单一制电价执行，被转供户的容量达到两部制电价时，实行两部制电价。

3. 对备用设备容量可参照下列原则与客户以协议方式规定

《供电营业规则》以变压器容量计算基本电费的客户，其备用的变压器（含高压电动机），属冷备用状态并经供电企业加封的，不收基本电费。属热备用状态的或未经加封的，不论使用与否都计收基本电费。客户专门为调整用电功率因数的设备，如电容器、调相机等不计收基本电费。

二、大工业客户基本电费的计费方式

1. 收取基本电费的两种计算方法

（1）按变压器容量（含高压电动机）计费。

凡是以自备专用变压器受电的客户，基本电费可按变压器容量计算。不通过专用变压器接用的高压电动机，按其容量另加千瓦数计算基本电费，1kW 相当于 1kVA。

$$基本电费=容量基本电价×计费容量$$

式中　基本电价——价格部门核定的单位容量费用，元/（kVA·月）。

（2）按最大需量计费。

1）最大需量=表计抄见最大需量读数×倍率。

2）需量表装在低压侧时，计算最大需量应考虑变压器的损耗：

$$抄见最大需量 =表计抄见最大需量读数×倍率$$

$$最大需量 =抄见最大需量×1.02$$

3）按需量方式计收基本电费时，有两种选择方式，分别为按合同约定最大需量核定值和按实际最大需量两种计收方式。

当客户选择按合同约定最大需量核定值计收方式时，最大需量核定值不应低于客户运行容量的 40%。当客户实际最大需量超过合同核定值 105%时，超出 105%部分的基本电费加一倍收取；客户实际最大需量未超过合同核定值 105%的，按合同核定值收取基本电费。

当客户选择按实际最大需量方式计收基本电费时，不受运行总容量 40%下限限制。

4）基本电费=需量基本电价×计费需量

式中 基本电价——价格部门核定的单位最大需量费用，元/（kW·月）。

5）最大需量应以指示 15min 内平均最大需求量表为标准。

2. 多路供电的基本电费计算

电力客户负荷较大的一个受电点作为一个计量单位，多个受电点的最大需量不能累计计算，而应分别计算。

（1）一个受电点有两路及以上进线，正常时间同时使用。

按变压器容量计算：各路按受电变压器容量相加计算基本电费。

按最大需量计算：各路进线应分别计算最大需量，如因电力部门有计划的检修或其他原因，造成客户倒用线路增加的最大需量，其增大部分计算时可以合理扣除。

（2）一个受电点有两路电源，经电力部门认可，正常时互为备用。

按变压器容量计算：应选择容量大的变压器的容量来计算。

按最大需量计算：应选择其最大需量千瓦数较大的一台计收基本电费。

（3）一个受电点有两路电源。其中一路为正常（主要供电）电源，另一路为保安备用电源，则保安备用电源实行单一制电价，对用电容量达到 100kVA 的，应同时实行《功率因数调整电费办法》。正常电源基本电费按变压器容量或最大需量计算。

【例 2-4-1】某工业用户变压器容量为 500kVA，装有有功电能表和双向无功电能表各 1 块。已知某月该户有功电能表抄见电量为 40 000kWh，无功电能抄见电量为 30 000kvarh，客户选择变压器容量计收基本电费，试求该户当月应缴电费为多少？[假设工业用户电价为 0.25 元/kWh，基本电价（变压器容量）为 10 元/（kVA·月）]

解：该户当月电度电费=40 000×0.25=10 000（元）

$$基本电费=500×10=5000（元）$$

当月功率因数为 $\cos\varphi = \dfrac{40\ 000}{\sqrt{30\ 000^2 + 40\ 000^2}} = 0.8$

该户当月功率因数为 0.8，功率因数标准应为 0.9，查表得功率因数调整率为 5%，得：功率因数调整电费=（10 000+5000）×5%=750（元）

$$电费合计=10\ 000+5000+750=15\ 750（元）$$

答：该户当月应缴电费为 15 750 元。

【例 2-4-2】某工厂原有一台 315kVA 变压器和一台 250kVA 变压器，按容量计收基本电费。2016 年 4 月，因检修经供电企业检查同意，于 21 日暂停 315kVA 变压器 1

台，4 月 26 日检修完毕恢复送电。供电企业对该厂的抄表日期是每月月末，基本电价为 20 元/（kVA·月）。试计算该厂 4 月应交纳的基本电费是多少？

解：根据《供电营业规则》因该厂暂停天数不足 15 天，因此应全额征收基本电费。

$$基本电费=315×20+250×20=11\,300（元）$$

答：该厂 4 月的基本电费为 11 300 元。

【思考与练习】

1. 简述最大需量的定义。

2. 按照变压器容量收取基本电费的原则是什么？

3. 基本电费的计算依据是什么？

4. 某大工业客户，按需量计收基本电费，合同约定最大需量核定值为 1500kW，批准容量 2000kVA，高供高计，10kV 供电，TA 变比 150/5A，抄见需量总示数为 0.523kW，如何计收基本电费？

◢ 模块 5 高供高计两部制电价用户电费计算方法（Z35E2005Ⅱ）

【模块描述】 本模块包括两部制电价的定义、构成、应用范围、优越性，两部制电价客户电费的计算方法、电费的调整、峰谷平电费的计算。通过学习，掌握高供高计两部制电价客户电费的计算方法。

【模块内容】

一、两部制电价的定义

两部制电价就是将电价分为两个部分：一是基本电价，以客户用电的最高需求量或变压器容量计算基本电费；二是电度电价，以客户实际使用电量（kWh）为单位来计算电度电费。对实行两部制电价的客户，还须根据功率因数调整电费。

二、两部制电价的构成

两部制电价是由基本电价和电度电价构成的。

三、两部制电价的适用范围

大工业用电指受电变压器（含不通过受电变压器的高压电动机）容量在 315kVA 及以上的下列用电：（1）以电为原动力，或以电冶炼、烘焙、熔焊、电解、电化、电热的工业生产用电；（2）铁路（包括地下铁路、城铁）、航运、电车及石油（天然气、热力）加压站生产用电；（3）自来水、工业实验、电子计算中心、垃圾处理、污水处理生产用电。

销售电价分类结构中明确表示，在 5 年调整过渡期内，将现行大工业用电中的电解铝、电炉铁合金、电解烧碱、黄磷、电石、中小化肥等用电逐步归并于大工业用电类。

中小化肥用电：是指年生产能力为 30 万 t 以下（不含 30 万 t）的单系列合成氨、磷肥、钾肥、复合肥料生产企业中化肥生产用电。其中复合肥料是指含有氮磷钾两种以上（含两种）元素的矿物质，经过化学方法加工制成的肥料。

四、两部制电价的优越性

1. 价格经济杠杆

发挥了价格的杠杆作用，促进客户合理使用用电设备，同时改善用电功率因数，提高设备利用率，压低最大负荷，减少了电费开支，使电网负荷率也相应提高，减少了无功负荷，提高了电力系统的供电能力，使供用双方从降低成本中都获得了一定的经济效益。

2. 合理分担费用

使客户合理负担电力生产的固定成本费用。两部制电价中的基本电价是按客户的用电设备容量或最大需用量来计算的。客户的设备利用率或负荷率越高，应付的电费就越少，其平均电价应越低；反之，电费就越多，均价也应越高。

五、两部制电价用户电费计算

执行两部制电价用户的电费总金额=基本电费+电度电费+功率因数调整电费。

六、两部制电价客户电费的计算实例

【例 2-5-1】 某大工业用户属于 10kV 线路供电，高压侧产权分界点处计量，装有 500kVA 变压器一台，该用户 3 月、4 月各类表计的抄表示数见表 2-5-1。

表 2-5-1 抄 表 示 数

示数类型	3 月底示数	4 月底示数	倍率
有功总示数	712	800	400
有功峰示数	250	277	400
有功平示数	337	374	400
有功谷示数	125	149	400
无功总示数	338	366	400

假设大工业用户的电度电价为 0.65 元/kWh（不考虑代收），基本电费电价为 30 元/（kVA·月），高峰电价系数为 150%，低谷为 50%，请计算该户 4 月份电费额。

解： 峰时段电量=（277-255）×400=10 800（kWh）

谷时段电量=（149-125）×400=9600（kWh）

平时段电量=（374-337）×400=14 800（kWh）

有功总电量=（800-712）×400=35 200（kWh）

峰时段电量+平时段电量+谷时段电量=有功总电量

峰、平、谷计费电量不需分摊

基本电费=500×30=15 000（元）

峰电费=10 800×0.65×150%=10 530（元）

谷电费=9600×0.65×50%=3120（元）

平电费=14 800×0.65=9620（元）

功率因数 $\cos\varphi$ =0.95 查表得，该户电费调整率为 0.75%，所以功率因数调整电费=（15 000+10 530+3120+9620）×（−0.75%）=−287.03（元）

该户 4 月份应交电费为：15 000+10 530+3120+9620−287.03=37 982.97（元）

答：该户 4 月份应交电费 37 982.97（元）。

【思考与练习】

1. 阐述两部制电价的应用范围。

2. 说明采用两部制电价的优越性。

3. 某工业客户，10kV 供电，变压器容量为 800kVA，2011 年 8 月有功电量为 80 000kWh，其中峰电量为 20 000kWh，谷电量为 25 000kWh，平电量为 20 000kWh，尖峰电量 15 000kWh，无功电量为 28 000kvarh，请计算该户的功率因数、功率因数调整电费、五月份总电费？（假设目录电价 0.65 元/kWh；电价系数高峰为 150%，低谷为 50%）

模块 6 客户用电信息变更电费核算（Z35E2006Ⅱ）

【模块描述】本模块包括新装、增容、变更用电客户的电费计算。通过学习，能掌握客户用电信息变更电费计算方法。

【模块内容】

（1）基本电费以月计算，但新装、增容、变更和终止用电当月的基本电费，可按实用天数（日用电不足 24h 的，按一天计算），每日按全月基本电费 1/30 计算。事故停电、检修停电、计划限电不扣减基本电费。

（2）若用户有不经变压器而直接接用的高压电动机时，计算基本电费则应加上高压电动机的容量，kW 视同 kVA。

（3）受电变压器总容量在 315kVA 及以上的工业客户应执行大工业电价。装设一大一小两台变压器的工业客户，两台变压器互为备用（不同时使用），且单台变压器容量均小于 315kVA 时，执行普通工业电价。大工业客户的基本电费计费方式变更时，当月的基本电费仍按原结算方式计收。对按最大需量计费的客户，以全天峰段、平段、谷段的最大需量作为基本电费的结算依据。

（4）对有两路及以上进线的工业用电，应根据每路电源的受电容量大小以及电源性质，核定所执行的电价。每路电源受电容量（不含站用变压器）在 315kVA 及以上，且电源性质属于主供电源或备用电源时，执行大工业电价；不足 315kVA 时，执行普通工业电价。

（5）对按变压器容量计收基本电费时，按正常运行方式下每路电源受电总容量计算基本电费；对按最大需量计收基本电费时，按每路电源分别计算最大需量。单电源客户的受电总容量是指该电源供电的主变压器容量（一般不包含站用变压器，当站用变压器不装表且在总表内时，可对所用变执行大工业电价）。双电源客户：当两路电源同时受电时，每路电源的受电容量为打开高压母联后该路的主变压器容量，并分别计收基本电费；一路主供一路备用时，每路电源的受电容量为该路能够供电的最大主变压器容量之和，在核定的方式下，按其中容量或最大需量较大的一路计收基本电费。

（6）减容（暂停）后容量达不到实施两部制电价规定容量标准的，应改为相应用电类别单一制电价计费，并执行相应的分类电价标准、峰谷分时电价标准，功率因数调整电费标准按照供用电合同执行；无论采取何种基本电费结算方式，对实际最大需量超出减容、暂停后约定容量的，遵照国家《供电营业规则》第一百条第 2 款规定，按私自增容进行违约用电处理。

（7）电力用户申请暂停时间每次应不少于 15 日。减容期限不受时间限制。对按最大需量计收基本电费客户，必须是整日历月的暂停。暂停、减容起止月份的基本电费按实际使用天数、每日按全月基本电费的 1/30 计收。发生暂停、减容等变更用电，计算基本电费和变压器损耗时，加封当日不计收基本电费和变压器损耗，启用当日计收基本电费和变压器损耗。

【例 2-6-1】某一工业用户装有 1000kVA 和 630kVA 变压器两台，按容量计算基本电费。2013 年 7 月 14 日到 9 月 23 日暂停 1000kVA 变压器一台，该户如何计收基本电费？［基本电价 30 元/（kVA·月）］

解：（1）7 月份基本电费计算：

1000kVA 一台 7 月 14 日暂停，按照起算停不算的原则，7 月份 1630kVA 用了 13 天，630kVA 用了 31-13=18 天。

计费容量=1630×（13/30）+630×（18/30）=706+378=1084（kVA）

该户 7 月份的基本电费

基本电费=1084×30=32 520（元）

（2）8 月份 1000kVA 变压器全月停用，故只算 630kVA 变压器的基本电费：

基本电费=630×30=18 900（元）

（3）9 月份 630kVA 变压器未停；9 月份 1000kVA 变压器自 23 日起启用，应算 8 天的基本电费。

$$计费容量=630×（22/30）+1630×（8/30）=462+435=897（kVA）$$
$$基本电费=897×30=26\ 910（元）$$

答：该户 7 月份基本电费 32 520 元，8 月份基本电费 18 900 元，9 月份基本电费 26 910 元。

【例 2-6-2】 某化工厂，10kV 供电，变压器容量为 500kVA，变压器的有功铁损 0.59kW，无功铁损 0.904kvar，K 值 3.55，2012 年 8 月 19 日投运，动力配多功能表一块，TA 的变比为 600/5，配照明分表一块，照明不分摊变压器的损耗，8 月份的抄表示数见表 2-6-1，求 8 月份该化工厂的电费？（已知峰时电价为 1.112 元/kWh，平时电价为 0.677 元/kWh，谷时电价为 0.322 元/kWh，照明电价为 0.867 元/kWh，基金附加费为 0.037 71 元。）

表 2-6-1　　　　　　　　　　　抄　表　示　数

示数类型	本月	上月
有功总示数	27.29	0
有功峰示数	10.14	0
有功平示数	11.21	0
有功谷示数	5.94	0
正无功示数	20.34	0
反无功示数	4.04	0
照明示数	17	9.1

解：动力抄见电量=（27.29-0）×120=3275（kWh）

变压器的有功铁损=0.59×720×13/30=184（kWh）

变压器的有功铜损=3275×0.01=33（kWh）

动力总电量=3275+184+33=3492（kWh）

照明抄见电量=17-9.1=8（kWh）

动力计费电量=3492-8=3484（kWh）

峰抄见电量=（10.14-0）×120=1217（kWh）

平抄见电量=（11.21-0）×120=1345（kWh）

谷抄见电量=（5.94-0）×120=713（kWh）

峰、平、谷抄见总电量=1217+1345+713=3275（kWh）

峰计费电量=3484×1217/3275=1295（kWh）

谷计费电量=3484×713/3275=759（kWh）

平计费电量=3484−1295−759=1430（kWh）

正向无功抄见电量=20.34×120=2441（kvarh）

反向无功抄见电量=4.04×120=458（kvarh）

无功铁损=0.904×720×13/30=282（kvarh）

无功铜损=33×3.55=117（kvarh）

无功总电量=2441+|282+117−485|=2527（kvarh）

功率因数计算=0.79

该户功率因数执行标准为 0.9，现功率因数为 0.79，查表得电费增减率为+5.5%。

计费容量=500×13/30=216（kVA）（舍尾取整）

基本电费=216×30=6480（元）

峰电费=1295×1.112=1440.04（元）

平电费=1430×0.677=953.81（元）

谷电费=759×0.322=244.40（元）

照明电费=8×0.867=6.94（元）

峰功率因数调整电费=1295×（1.112−0.037 71）×5.5%=76.52（元）

平功率因数调整电费=1430×（0.667−0.037 71）×5.5%=49.49（元）

谷功率因数调整电费=759×（0.322−0.037 71）×5.5%=11.87（元）

基本电费功率因数调整电费=6480×5.5%=356.4（元）

总电费=6480+1440.04+953.81+244.40+6.94+76.52+49.49+11.87+0.36+356.4
　　　=9619.83（元）

答：8月份该化工厂的电费 9619.83 元。

【思考与练习】

1. 新装、增容、变更和终止用电当月的基本电费如何收取？

2. 用户办理暂停（减容）后电价政策有哪些规定？

3. 某一工业用户装有 800kVA 和 630kVA 变压器两台，按容量计算基本电费。2013 年 5 月 21 日到 7 月 2 日暂停 630kVA 变压器一台，该户如何计收基本电费？[基本电价 30 元/（kVA·月）]

▲ 模块 7　变压器损耗计算方法（Z35E2007Ⅲ）

【模块描述】 本模块包括变压器损耗的概念，变压器有功、无功电能损耗的理论计算。通过学习，熟悉变压器有功、无功电能损耗理论计算的目的；掌握变压器电能损耗的理论计算方法。

【模块内容】

一、变压器损耗的概念

变压器的损耗分为有功损耗和无功损耗，变压器在变换电压及传递功率的过程中，自身将会产生有功功率损耗和无功功率损耗。变压器的有功功率损耗由两部分组成：一部分是铁芯产生的有功损耗——铁损，另外一部分是变压器一、二次绕组中的电阻产生的有功损耗——铜损。只要外加的电压和频率不变，铁损就不变，与变压器负载大小无关。铁损大小可由空载试验得到。铜损与变压器的负载率平方成正比，其大小也可以通过变压器短路试验确定。变压器的无功损耗也由两部分组成：一部分是用来产生主磁通，也就是用来产生励磁电流和空载电流的，它与变压器负载大小无关；另外一部分无功是消耗在变压器一、二次绕组的漏电抗上，它与变压器的负载率平方成正比。

二、变压器损耗计算方法

2007 年江苏省电力公司印发《江苏省电力公司客户端变压器损耗计算规范》，变压器损耗按如下方法计算：

（1）有功铁损（固损）电量=空载损耗×720h/月（单位：kWh）

（2）无功铁损（固损）电量=$\sqrt{\left(\dfrac{I_0\%}{100}\times S_{\mathrm{e}}\right)^2 - W_0^2}\times 720\mathrm{h}/$月（单位：kvarh）

（3）有功铜损（变损）电量=按二次侧电能表有功电量×系数

其中：变压器容量在 4000kVA 及以上系数为 0.005；

变压器容量在 315kVA 以上系数为 0.01；

变压器容量在 315kVA 及以下系数为 0.015。

（4）无功铜损（变损）电量=有功铜损电量×K 值；

$$K\text{ 值}=铜损无功/铜损有功=\frac{\sqrt{\left(\dfrac{U_{\mathrm{k}}\%}{100}\times S_{\mathrm{e}}\right)^2 - W_{\mathrm{f}}^2}}{W_{\mathrm{f}}}$$

式中　　W_0——变压器空载损耗，kW；

W_{f}——变压器负载损耗，kW；

S_{e}——变压器额定容量，kVA；

$I_0\%$——变压器空载电流百分比，%；

$U_{\mathrm{k}}\%$——变压器短路阻抗百分比，%。

三、变压器损耗分摊计算

计量方式为高供低计时，变压器铁损和铜损可按照不同用电类别的用电量分摊计算。若某用电类别采用定量时不分摊变压器铁损和铜损。

【例 2-7-1】一台 SG10-315/10 型号变压器，已知出厂时空载损耗 880W，负载损耗 3460W，空载电流百分比 0.70，短路阻抗百分比 4，试计算出该变压器的有功和无功损耗数值。

解：有功铁损=空载损耗×720=0.88×720=634（kWh）

$$无功铁损=\sqrt{\left(\frac{I_0\%}{100}\times S_e\right)^2-W_0^2}\times720=\sqrt{\left(\frac{0.7}{100}\times315\right)^2-0.88^2}\times720=1456（kvarh）$$

有功铜损系数为：0.015

$$K 值=\frac{\sqrt{\left(\frac{U_k\%}{100}\times S_e\right)^2-W_f^2}}{W_f}=\frac{\sqrt{\left(\frac{4}{100}\times315\right)^2-3.46^2}}{3.46}=3.5$$

无功铜损=有功铜损电量×K

【例 2-7-2】某用户 10kV 高供低计供电，用电资料记载变压器型号 S9-100kVA，动力表与照明表并接，10 月份抄见动力表电量 15 000kWh，照明表用电量 3500kWh，该户有功铁损值为 230kWh/月，动力和照明分摊铜铁损，计算 10 月份该用户动力和照明损耗为多少？

解：动力铁损：230×15 000/（15 000+3500）=186（kWh）

照明铁损：230×3500/（15 000+3500）=44（kWh）

该户变压器为 100kVA，根据《江苏省电力公司客户端变压器损耗计算规范》中相关规定，铜损系数为 1.5%，则：

动力铜损：15 000×1.5%=225（kWh）

照明铜损：3500×1.5%=53（kWh）

动力损耗=动力铁损+动力铜损=186+225=411（kWh）

照明损耗=照明铁损+照明铜损=44+53=97（kWh）

本月合计损耗=动力损耗+照明损耗=411+97=508（kWh）

【思考与练习】

1. 变压器的损耗分为哪两种？

2. 为什么有变压器损耗？

3. 一台 SG10-315/10 型号变压器，已知出厂时空载损耗 880W，负载损耗 3460W，空载电流百分比 0.70，短路阻抗百分比 4，二次侧电量 15 000kWh，试计算出该变压器的有功和无功损耗数值。

▲ 模块 8　高供低计两部制电价用户电费计算方法（Z35E2008Ⅲ）

【模块描述】本模块包括高供低计两部制电价客户基本电费的计算方法、电量的计算方法。通过学习及实例讲解，掌握高供低计两部制电价客户电费的计算方法。

【模块内容】

一、高供低计两部制电价用户

《供电营业规则》第七十四条规定："用电计量装置原则上应装在供电设施的产权分界处。如产权分界处不适宜装表的，对专线供电的高压用户，可在供电变压器出口装表计量；对公用线路供电的高压用户，可在用户受电装置的低压侧计量。当用电计量装置不安装在产权分界处时，线路与变压器损耗的有功和无功电量均须由产权所有者负担。"这是损耗电量收取的依据。

根据上述规定，与电费计算相关的损耗电量可能存在两部分，即专线客户因计量装置安装在供电变压器出口引起的损耗电量（简称线损电量）和公用线路供电的高压用户，在低压侧计量引起的损耗电量（简称变损电量）。一般称为高供低计两部制电价用户。

二、基本电费的计算

1. 按容量计收基本电费

$$基本电费=容量基本电价×计费容量$$

2. 按需量计收基本电费

（1）最大需量=表计抄见最大需量读数×倍率。

（2）需量表装在低压侧时，计算最大需量应考虑变压器的损耗：

$$抄见最大需量=表计抄见最大需量读数×倍率$$

$$最大需量=抄见最大需量×1.02$$

（3）按需量方式计收基本电费时，有两种选择方式，分别为按合同约定最大需量核定值和按实际最大需量两种计收方式。

当客户选择按合同约定最大需量核定值计收方式时，最大需量核定值不应低于客户运行容量的 40%。当客户实际最大需量超过合同核定值 105%时，超出 105%部分的基本电费加一倍收取；客户实际最大需量未超过合同核定值 105%的，按合同核定值收取基本电费。

当客户选择按实际最大需量方式计收基本电费时，不受运行总容量 40%下限限制。

（4）基本电费=需量基本电价×计费需量

式中　基本电价——价格部门核定的单位最大需量费用，元/（kW·月）。

（5）最大需量应以指示 15min 内平均最大需求量表为标准。

三、电量计算

有功电量=（本月有功总示数-上月有功总示数）×乘率+变压器有功损耗

无功电量=正向无功总电量+|变压器无功损耗-反向无功总电量|

四、高供低计两部制电价用户电费计算实例

【例 2-8-1】某化工厂，10kV 供电，变压器容量为 500kVA，按容量收取基本电费，变压器的有功铁损 0.59kW，无功铁损 0.904kvar，K 值 3.55，动力配多功能表一块，TA 的变比为 600/5，配照明分表一块，照明不分摊变压器的损耗，8 月份的抄表示数见表 2-8-1，求 8 月份该化工厂的电费？（已知基本电价（容量）为 30 元/kVA·月，峰时电价为 1.112 元/kWh，平时电价为 0.677 元/kWh，谷时电价为 0.322 元/kWh，照明电价为 0.867 元/kWh，基金附加费为 0.037 71 元。）

表 2-8-1 抄 表 示 数

示数类型	本月	上月
有功总示数	27.29	0
有功峰示数	10.14	0
有功平示数	11.21	0
有功谷示数	5.94	0
正无功示数	20.34	0
反无功示数	4.04	0
照明示数	17	9.1

解：第一步：电量计算

动力抄见电量=（27.29-0）×120=3275（kWh）

变压器的有功铁损=0.59×720=425（kWh）

变压器的有功铜损=3275×0.01=33（kWh）

动力总电量=3275+425+33=3733（kWh）

照明抄见电量=17-9.1=8（kWh）

动力计费电量=3733-8=3725（kWh）

峰抄见电量=（10.14-0）×120=1217（kWh）

平抄见电量=（11.21-0）×120=1345（kWh）

谷抄见电量=（5.94-0）×120=713（kWh）

峰、平、谷抄见总电量=1217+1345+713=3275（kWh）

峰计费电量=3725×1217/3275=1384（kWh）

谷计费电量=3725×713/3275=811（kWh）

平计费电量=3725−1384−811=1530（kWh）

正向无功抄见电量=20.34×120=2441（kvarh）

反向无功抄见电量=4.04×120=458（kvarh）

无功铁损=0.904×720=651（kvarh）

无功铜损=33×3.55=117（kvarh）

无功总电量=2441+|651+117−485|=2724（kvarh）

第二步：功率因数计算

$$\cos\varphi = \frac{1}{\sqrt{1+\left(\dfrac{无功电量}{有功电量}\right)^2}} = 0.81$$

该户功率因数执行标准为 0.9，现功率因数为 0.81，查表得电费增减率为+4.5%。

第三步：电费计算

基本电费=500×30=15 000（元）

峰电费=1384×1.112=1539.01（元）

平电费=1530×0.677=1035.81（元）

谷电费=811×0.322=261.14（元）

照明电费=8×0.867=6.94（元）

峰功率因数调整电费=1384×（1.112−0.037 71）×4.5%=66.91（元）

平功率因数调整电费=1530×（0.667−0.037 71）×4.5%=40.50（元）

谷功率因数调整电费=811×（0.322−0.037 71）×4.5%=10.54（元）

照明功率因数调整电费 =8×（0.867−0.037 71）×4.5%=0.30（元）

基本电费功率因数调整电费=15 000×4.5%=675（元）

总电费=1539.01+1035.81+261.14+6.94+66.91+40.50+10.54+0.30+675+15 000

　　　=18 636.15（元）

答：8 月份该化工厂的电费 18 636.15 元。

【思考与练习】

1. 损耗电量收取的依据是什么？

2. 按需量计收基本电费的用户，应收基本电费如何计算？

3. 有一工厂，10KV 供电，高供低计，总容量为 400kVA，按容量收取基本电费，TA 的变比为 600/5，变压器的有功铁损 626kWh，无功铁损 8042kvarh，K 值 2.2，动力装一块表，其他照明装分表一块,不分摊变压器损耗,8 月份电表抄见示数见表 2–8–2，计算 8 月份电费。

表 2-8-2　　　　　　　　　　　抄 表 示 数

示数类型	本月	上月
有功总示数	458	113
有功峰示数	126	89
有功平示数	154	78
有功谷示数	109	65
正无功示数	888	755
反无功示数	21	10
照明示数	323	4

第三章

电费核算与复核

◢ 模块1 居民阶梯用电用户电费核算与用电
信息复核（Z35E3001Ⅱ）

【模块描述】本模块包括执行居民阶梯电价客户的电费核算的相关规定、电费结算规则。通过学习，掌握居民阶梯用电用户电费核算与用电信息复核方法。

【模块内容】

居民阶梯电价制度是利用价格杠杆促进节能减排的又一次实践。通过划分一、二、三挡电量，较大幅度提高第三挡电量电价水平，在促进社会公平的同时，也可以培养全民节约资源、保护环境的意识，逐步养成节能减排的习惯。

一、相关规定

（1）居民生活阶梯电价实施范围是城乡居民一户一表用户（含已是一户一表的独租户、群租户）。

（2）多户合用电表的、一户多表居民、居民与非居民混用的和执行居民电价的非居民用户暂不执行居民生活阶梯电价。

（3）根据国家发展改革委《印发关于居民生活用电试行阶梯电价的指导意见的通知》（发改价格〔2011〕2617号）文件，现将有关居民阶梯电价执行中"户"概念定义如下：

1)"户"定义：居民用户原则上以住宅为单位，一个房产证明对应的住宅为一"户"。没有房产证明的，以供电企业为居民用户安装的电表为单位。

2)"一户一表"居民客户定义：一个房产证明对应的住宅为一"户"，且用电分类为居民，行业为城镇居民、农村居民，执行居民电价，只有一个计量点，安装一套计量表计。

① 一户内如为单一或多个租户，属于"一户一表"，则执行居民阶梯电价；

② 一户内如为同一家庭多人居住（因难以界定，暂不考虑），属于"一户一表"，则执行居民阶梯电价。

（4）不执行阶梯电价的户

1）用户分类为低压非居民但执行居民电价的户，不执行阶梯电价，如中小学、敬老院、农村安全饮水工程、城市社区服务设施、纯住宅内电梯等用电。另外还如商住两用的户，为多个计量点（其中可能为定比或定量），其中的居民用电不执行阶梯电价。

2）用电分类为低压居民，如为商住两用的户，为多个计量点（其中可能为定比或定量），其中的居民用电不执行阶梯电价。

3）用电分类为低压居民，有多个计量点，均执行居民电价，则其用电不执行居民阶梯电价。如客户提出改造，如能提供房产证明，则按照房产拆分为多户。如无法提供房产证明，则需合并为一个计量点（原则上不采取分户的方式），方可执行居民阶梯电价。

4）对于现场核实为集体宿舍或多户（有单独房屋产权），不执行阶梯电价，客户可申请改造为"一户一表"。

5）对于厂矿、监狱、农林场圃等专供客户，需完成改造后，再行按政策执行相关电价。

二、电费结算规则

1. 调价前后电量电费的计算

用户调价日及以后的用电量，原则上按照对应抄表周期内日平均用电量乘以应执行调整后电价的天数确定。对用电量较大的居民用户，各单位可根据实际情况在调价日进行一次抄表。调价日后的分挡电量按照月分挡电量标准除以 30 乘以应执行调整后电价的天数确定。调价日前后的电费分别按调价日前后的用电量和对应的电价标准计算。

2. 分挡电量的计算

抄表周期为一个月的居民用户，按月确定各挡电量，并以各挡用电量执行阶梯电价；抄表周期为两个月的居民用户，其分挡电量按照月分挡电量标准乘以 2 计算。

3. 变更情况下分挡电量的计算

变更情况主要包括居民用户新装、变更用电后首次电费计算，调价前后电量电费的计算和抄表日调整后电量电费的计算。针对此变更存在用电时间不为整月的情况，电量计算可按照按月分挡和按日分挡二个处理方法。

（1）按月分挡：用电时间不为整月的，分挡电量标准按照整月标准处理。

（2）按日分挡：以 30 天为标准，将分挡电量标准折算到天，乘以实际用电天数确定结算分挡电量标准。

以按月分挡的方法处理，计算电费有利于用电客户，用户易于接受，便于操作，便于解读，但增加了抄表管理的难度，对抄表工作提出了更高的要求；以按日分挡的方法处理，电量分挡标准相对精确，电费结算比较复杂，用户咨询需求较多，发票解读难度增大，用户不易接受，对电费复核工作提出了更高的要求。

4. 同时执行阶梯电价和峰谷分时电价居民用户电费的计算

按照"先分时、后阶梯"的原则计算电费。即先按照峰谷各时段用电量和第一挡分时电价标准计算全部电量的电费，再按照第二挡、第三挡递增电价标准，分别计算第二挡、第三挡电量的递增电费。以上三部分电费之和为该居民用户的总电费。

5. 退补电量电费计算

居民阶梯电价用户的故障退补电费计算应区分退补电量是本月用电量，还是退补以前的电量。如是本月用电量则参与本月阶梯电费计算，退补以前的电量电费计算则单独计算可与本月电费合并出账或单独发行出账。电量退补录入时直接以第一挡、第二挡和第三挡录入电量确认。电费退补选择阶梯电价折算电量。

6. 差错处理计算

因抄表错误等原因造成电费计算错误，按照全减另发的模式处理，将该户错算月份电费全额冲减，当月正确抄表后，将多月电量按实用天数合并计算。对于调价前因抄表错误等原因产生的电费计算错误，按照调价前的电价，计算出应退补的电费，与本月电费合并出账或单独发行出账。已做全减的居民用户，当月必须进行"另发"，否则对下次正常抄表结算进行制约，营销系统对已"全减"未"另发"的给予提示。居民阶梯电价单独开发"另发"功能模块，该模块通过设定结算示数的实际抄表时间，确保本次及下次正常抄表时阶梯分段计算的准确性。

7. 窃电处理

因窃电需追补电量时，分挡计算追补电量，按照"退补电量电费计算"方式计算分挡电费，违约电费按照追补电费的规定倍数收取。

8. 违约处理

违约用电处理，根据分挡电量追补差价，首先追补清算后的用户本年度已使用第三挡电量差价，依次追补清算后第二、第一挡电量。违约期间的违约电费按照追补电费的规定倍数收取。

9. 低保户、五保户计算方法

从抄表月份第一挡电量中扣除对应的免费电量后计算当月应收电费，免费电量按年清算。

10. 购电制电卡表计算方法

按日历年每年计算分挡电量，分挡电量等于日历年内执行阶梯电价后实际使用月数（不足一月按一月计）乘以月分挡电量标准。客户一个日历年内累计购电量不足第一挡分挡电量时按第一挡电价计算，超出第一挡不足第二挡分挡电量时，超出部分按第二挡电价计算，超出第二挡分挡电量时，超出部分按第三挡电价计算。

【思考与练习】

1. 居民生活阶梯用电如何计算分挡电量？
2. 居民生活阶梯电价实施范围是什么？
3. 居民阶梯电价客户的窃电、违约如何处理？

▲ 模块 2 大客户电费核算与用电信息复核（Z35E3002Ⅲ）

【模块描述】 本模块包括对大客户电费核算的依据、具体内容、工作步骤，大客户新装、增容、变更用电的用电信息复核及复核中发现异常的处理方法。通过学习，掌握大客户电费核算与用电信息复核方法。

【模块内容】

一、电费核算的依据

电费核算人员应依据抄表数据、工单（包括内部工作联系单）、营销信息系统客户档案等资料开展电费核算工作。

二、电费核算工作的内容

（1）对客户基本信息、电价执行情况和电费计算结果进行核算，确保电费发行准确。

（2）对电力营销信息管理系统内的电费台账进行核算，确保抄表信息、电费台账、电量、电费发行等信息一致。

（3）对电力销售、电费的统计等相关报表数据进行核算，确保发行汇总准确。

（4）对电费账务进行核算，确保账与账之间正确、吻合。

（5）做好分次抄表、分次收费的核算工作。

三、工作步骤

（1）正常的电费核算应认真核对客户的户名、地址、TA 及 TV 的变比、当月抄见示数、上月抄见示数、变压器容量、损耗、电价执行等信息；基本电费、功率因数调整电费、电度电费、预收电费、应收电费计算是否准确。

（2）在审核过程中可以通过设定功率因数异常、基本电费异常、抄见零电量、电量突增突减、电费异常、总表电量小于子表电量、业务扩展变更用电客户、发生电量电费退补的用电客户等条件来进行电量电费审核，减少差错。

（3）核算中发现电量增减异常或零电量应及时与抄表员核实情况，做好记录或进行现场核算。

（4）电费现场核算是电费核算的重要组成部分，它是核算人员跟踪抄表人员工作质量，杜绝估、错、漏抄，保证电费基本档案信息和现场准确一致的有效措施。

开展电费现场核算的要求：居民用户及小动力用户应进行现场核算，每三个月现场核对一次，核算率达到 100%，并做好记录。对专变用户年现场核算应达到应抄户数的 50%，大工业用户年现场核算应达到应抄户数的 100%，并做好记录。

（5）对执行定比、定量的客户一般应在一年内核定一次其定比、定量的准确性。抄表人员发现定比、定量改变，应及时填报内部工作联系单，通知相关班组重新核定。

四、新装、增容、变更用电的用电信息复核

核算人员对业务已归档的工单，在涉及电费计算的情况下，要对工单的内容进行仔细核对，并做好记录，对工单内容有疑问的地方要及时与相关班组或人员核对，不得主观臆断，在电费核算过程中，要及时查阅工单，确保电费计算正确。

五、核算时遇到异常的处理

（1）在电费复核时，当发现客户参与电费计算的值存在明显异常时，电费复核人员应及时与抄表人员、用电检查人员取得联系，请他们到现场确定。

（2）在电费复核时，一个抄表段发现个别用户示数异常，为保证电费及时发行可以单户发起异常流程传递到相关抄表人员进行处理，其他正常客户继续计算发行。

【思考与练习】

1. 大客户电费核算的依据是什么？
2. 大客户电费核算工作的内容是什么？
3. 大客户电费核算时遇到异常应如何处理？

第四章

电费违约金相关规定和计算方法

▲ 电费违约金相关规定和计算方法（Z35E4001 Ⅱ）

【模块描述】本模块包括电费违约金的定义，收取电费违约金的依据、标准及计算。通过学习，掌握电费违约金的计算方法。

【模块内容】

一、电费违约金的定义

电能是商品，电费是电能实现商品交换的货币形式。用户在供电企业规定的期限内未交清电费时，应承担违约责任。供电企业应从逾期之日起，按规定向用户收取电费违约金。

电费违约金是指用户在供用电合同约定的期限内未缴纳电费，应承担的电费滞纳违约责任。

二、缴费截止日期

《供电营业规则》第八十二条规定："用户应按供电企业规定的期限和缴费方式交清电费，不得拖延或拒交电费"。在签订《供用电合同》时，由供用电双方约定。这种形式是客户"截止缴费日期"确定的最有效、最合理的方式。

三、电费违约金收取

根据《电力工业与使用条例》第四章第二十七条：供电企业应当按照国家核准的电价和用电计量装置的记录，向客户计收电费。客户应当按照国家批准的电价，并按照规定的期限、方式或者合同约定的办法交付电费。

第八章第三十九条：违反本条例第二十七条规定，逾期未交付电费的，供电企业可以从逾期之日起每日按照电费总额的千分之一至千分之三加收违约金，具体比例由供用电双方在供用电合同中约定。

《供电营业规则》第九十八条：用户在供电企业规定的期限内未交清电费时，应承担电费滞纳的违约责任。电费违约金从逾期之日起计算至交纳日止。每日电费违约金按下列规定计算：

（1）居民用户每日按欠费总额的千分之一计算。

（2）其他用户：

1）当年欠费部分，每日按欠费总额的千分之二计算；

2）跨年度欠费部分，每日按欠费总额的千分之三计算。

电费违约金收取总额按日累加计收，总额不足 1 元者按 1 元收取。

收费人员对逾期缴纳电费的客户要按规定收取违约金，供电企业对违约金的收取应建立严格的管理规定，对违约金的计算、复核收费要由不同的人来完成。现在供电公司违约金的计算都由电力营销信息管理系统完成，并按日刷新，避免违约金收取的计算差错。

四、违约金的减免

按照《国家电网公司电费抄核收管理规则》［国网（营销/3）273-2014］严格执行电费违约金制度，不得随意减免电费违约金，不得用电费违约金冲抵电费实收。有下列原因引起的电费违约金，可经审批同意后实施电费违约金免收：

（1）供电营业人员抄表差错或电费计算出现错误影响客户按时交纳电费。

（2）银行代扣电费出现错误或超时影响客户按时交纳电费。

（3）因营销业务应用系统客户档案资料不完整或错误影响客户按时交纳电费。

（4）因营销业务应用系统或网络发生故障时影响客户正常交纳电费。

【思考与练习】

1. 电费违约金的定义是什么？

2. 客户电费回收期限是如何规定的？

3. 哪些情况下，经审批同意后电费违约金可以免收？

第二部分

电 费 回 收

第五章

电 费 回 收 管 理

▲ 模块 1　电费收取主要方式（Z35F1001 Ⅰ）

【模块描述】本模块包括电费回收的重要性，电费收取的工作内容、流程、方式
等内容。通过概念描述、流程介绍、要点归纳，掌握电费回收的流程和方式。

【模块内容】

一、电费回收的重要性

1. 电费回收的重要性

电费回收是供电企业一项重要的经营工作，各大电网、电力局和供电企业做了大
量工作，既要遵循商品经济的原则，想方设法及时足额回收电费，又要贯彻"人民电
业为人民"的服务宗旨，以高度的责任感，从维护社会安定、维护国家和人民利益出
发，积极细致地做好电费回收工作。

但近几年来各地客户欠费增幅较大，拖欠电费形势十分严峻，影响电费的及时回
收，巨额欠费给电力企业的正常生产增加了困难，各级领导必须充分予以重视，加大
电费回收力度，做好电费催交工作，确保电费回收。

2. 电费回收的目的和意义

供电企业的最终销售收入是依靠回收电费来实现的。企业的再生产过程需要消耗
生产资料，企业的持续发展需要资金积累，企业还需要上缴国家税收、获取必要的利
润等。电力企业所有的这些资金，都必须依靠回收电费来获得。按期回收电费，为供
电企业自身的再生产过程及扩大再生产提供资金保障。

电力企业如不能及时、足额地回收电费，将会引起电力企业流动资金周转缓慢或
停滞，最终影响电力企业的正常生产。电力企业要维持正常的生产，将被迫通过借贷
等方法来获取再生产过程必须的货币支出，最终导致供电企业的生产经营成本增加，
减少了企业收益。因此，及时足额回收电费，加速资金周转，已成为衡量各级供电企
业经营水平的一个重要考核指标。

二、电费收取的工作内容

收费工作的主要项目有：

（1）各种电费收据的保管、填写，按例日发放与领取电费收据，向客户收取电费，并办理托收结算。

（2）转出、转入电费收据的处理。

（3）电费收据存根的汇总，收入现金的整理，填记收入报告整理票、现金整理票和收费日志。

（4）按银行的收账通知，及时销账或提取托收凭证的存根，填记收入报告整理票。

（5）复核电费收据存根，对照收入报告整理票和现金整理票与收费日志，填记总收费日志。

（6）处理有关收费工作的日常业务。

三、电费收取的流程

收费工作是由收费员、电费出纳等几个岗位互相配合共同完成的，收费工作流程如图 5-1-1 所示。

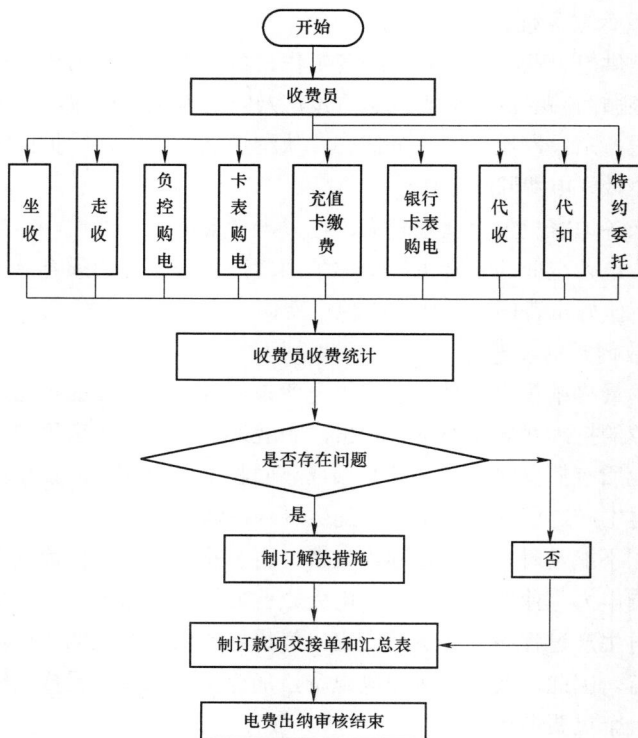

图 5-1-1　收费员收费流程图

四、电费收取方式及业务处理

1. 坐收

坐收是指收费人员在设置的收费柜台使用本单位收费系统以现金、POS 刷卡、支票、汇票等结算方式，收取客户电费、违约金或预缴费用，并出具收费凭证的一种收费方式。

坐收的场所大多在供电营业窗口，供电企业在本单位以外的区域通过 VPN 虚拟专网、无线通信等技术与内部系统联通，还可实现"移动坐收"，如在人流量大的社区、超市租用场地指派工作人员开展坐收，或通过改装车、无线通信便携电脑组合，设立移动收费车坐收电费。坐收业务处理流程如下：

（1）受理缴费申请。根据客户编号查询客户应缴电费、违约金，确认缴费或预收电费。

（2）票据核查及费用收取。根据客户交纳资金的不同形式，审验资金，确认资金的有效性。

（3）确认收费并开具收费凭证。根据客户缴款性质（结清电费、部分缴费、预付电费），为客户开具电费发票或收据。

（4）日终清点。一日收费终止，统计生成当日各类坐收资金的实收报表，将收款笔数、金额与已开据的电费发票、收据及实际资金进行盘点，不相符查找原因，处理收费差错，直至报表、票据、资金三账完全相符。最后清点各类票据、发票存根联、作废发票、未用发票等。

（5）解款。根据不同资金形式解款的方法将资金进账到指定的电费收入账户。

（6）票据交接。将资金解款的原始凭据以及"日实收电费交接报表"等上交相关人员，票据交接需双方签字确认。

坐收电费成本较高，自然收费的实收率较低，但却是知晓度最高且必不可少的一种方式。

坐收电费面对的客户群体，通常是时间充裕、周转资金少的低端低压客户或未办理自动划拨电费的高压客户群体，当一个区域内坐收客户比例较高时，说明该区域内开通的缴费方式不够丰富，应努力创新收费渠道。

供电企业窗口收费人员在开展坐收电费时，应注意以下事项：

1）电费收取应做到日清月结，及时解款，票款相符，按期统计实收报表，财务资金实收与业务账相符（《国家电网公司营业抄核收工作管理规定》第二十四条）。

2）不得将未收到或预计收到的电费计入电费实收。

3）为提高收费效率，可以对客户电费进行调尾处理。调尾的额度可以是角或元，采用取整或舍去尾数的方式。

4）当允许坐收在途电费时，对于处在走收或代扣等方式在途状态的应收电费，坐收收费人员应主动询问客户是否继续收费，尽可能避免引起重复收费，减少客户不满。

5）因卡纸等原因造成发票未完整生成，需重新补生成时，应注意作废原发票，保障发票不被重复发放。

2. 走收

走收是指收费员带着生成好的电费发票到客户现场或设置的收费点手工收取电费的收费方式，收费结束后，核对所收款项存入银行，并将相关票据及时交接。

（1）走收电费的业务流程如下：

1）确定走收对象，按台区、抄表段等方式准备单据（包括应收清单、收款凭证、电费发票等）。

2）走收收费人员领取票据，核对应收。检查领取的发票和应收费清单是否相符，对于一户多笔电费的高压客户，检查发票累计是否与实际要求客户缴款的收款凭证相符。

3）现场收费。对客户交付的现金、支票按不同资金结算方式的清点要求进行审核、清点，确认无误后将发票提交给客户，做到票款两清，不允许多收少收。

4）银行解款。核对所收各类资金是否与已收费发票的存根联金额一致，应收、未收票据及实收资金是否相符，不一致应查找原因。核对正确后，将资金及时存入指定电费资金账户。解款后，在收费清单上注明所解款电费的解款日期。

5）票据交接与销账。收费人员在规定时间内返回单位，将已收发票存根、未收发票、资金进账凭据交相关人员审核，确认无误后相关人员在营销系统内登记销账。

6）日终清点。相关人员统计生成实收报表，再次与应收清单、资金进账凭据、已收费发票存根、未收发票等凭据进行平账，做到应、实、未收相符，确认无误后，交接双方应签字确认，出现差错的，配合收费人员及时查找原因并处理。

7）客户未交电费的发票处理。重新走收时，电费违约金发生变化的，将原发票作废，重新生成发票。没有发生变化的，可以使用原先的发票。

走收方式需逐户上门，效率较低且资金在途风险较大，主要适用于以下两类客户：① 农村或偏远地区的低压客户，缴纳的电费资金多为现金；② 部分不方便柜面缴费且未开通银行代扣的高压客户，在走收人员上门时，多以支票形式结算电费。

（2）开展走收电费工作时，应注意以下事项：

1）电费收取应做到日清月结，并编制实收电费日报表、日累计报表、月报表，不得将未收到或预计收到的电费计入电费实收（《国家电网公司营业抄核收工作管理规定》第二十四条）。

2）按收费片区固定上门收费时间，需要调整的应提前通知客户。

3）开展走收的单位，应事先明确每个走收人员负责的客户范围。走收电费的应收清单和发票生成、实收销账等工作应由专人负责，并与走收人员核对确认，保障对走收工作质量的有效监督。

4）收取的电费资金应及时全额存入银行账户，不得存放他处，严禁挪用电费资金。

5）收费人员在预定的返回日期内应及时交接现金解款回单、票据进账单、已收费发票存根、未收费发票等凭据，及时进行销账处理。

3. 代扣

代扣是指客户与供电企业或银行签订委托自动扣划电费的协议，银行按期从供电企业获取客户待缴电费信息，从客户账户扣款，并将扣款结果返回给供电企业的一种销账收费方式。

委托代扣缴费方式又分为两种：

（1）文件批扣模式。客户与供电企业签约，指定扣款账户，应收电费产生后，供电企业生成批量扣款文件，向指定银行申请扣款，银行返回扣款结果，供电企业依据扣款结果批量销账，未成功划款的形成欠费。

（2）实时请求模式。客户与银行签约，委托银行不定期向供电企业查询欠费，发现有未结清电费，则通过代收方式从客户指定账户扣划电费，缴纳到供电企业账户中。

实时请求模式的收费业务处理与供电企业无关，这类客户在供电企业被视为柜台缴费客户，供电企业只需负责客户对应收电费疑问的答复及欠费催收工作，当抄核收人员查出有超期未缴电费时，可直接对其进行催费。

文件批扣模式的收费处理涉及多个部门和岗位，其流程如下：

（1）签约。客户到供电营业窗口或银行柜面，填写委托代扣协议，柜面人员登记协议，并将协议资料记录到供电企业的系统中。

（2）代扣处理。供电企业查询出所有代扣客户的未结清电费，按银行生成批量扣款文件，发送到银行（或由银行按约定时间提取），银行进行批量扣款，生成扣款结果文件，返回给供电企业进行批量销账，不成功户还原为欠费。

（3）收费整理。供电企业汇总每批扣款文件的应收、实收、欠费是否相符，查收银行实际到账资金是否与系统登记实收相符，对不符账项查明原因，及时处理，并在系统内登记实收资金。

（4）欠费催收。责任催收人员对扣款不成功客户进行分析，对于账户错误的，与客户联系核实账户，另行扣款；对于资金不足的通知客户及时存款再扣，仍不能解决的，由催费人员上门催收。

（5）客户取票。确认电费缴纳成功后，客户到供电营业窗口或约定银行网点索取电费发票，也可由供电企业主动邮寄或银行直接送达客户，具体方式由各地区供电企业与当地合作银行协商确认业务流程，并通过业务系统实施。

代扣方式扣款效率高，大大减轻手工收款工作量，服务成本低，并能为银行带来资金沉淀，但要求供电企业在客户的开户银行设立电费资金账户。

目前，几乎国内所有商业银行都有与供电企业开通代扣电费业务的实例，邮局也因其网点广泛、服务于低端客户群体的特性，在代收电费业务中占有一定比例。近年来，随着供电企业与银联的合作，具有银联标识银行卡客户，在任何银行签订代扣协议，供电企业都可通过银联扣划电费，这将使代扣业务发展更为迅速、广泛。

4. 代收

代收是指供电企业以外的金融、非金融机构或个人与供电企业签订委托协议，代为收取电费的一种收费方式。代收电费可以采取脱机方式（买票收费，独立于供电企业之外），也可以采取联网方式。目前最常用的是供电企业与代收机构间业务平台互联，实现实时联网收取电费的方式。

代收电费模式的推出与应用日趋成熟，使供电企业的营业窗口得到了无限拓展，营业时间从 8h 发展到了 24h，窗口形式从固定柜台发展到自助柜台、电话服务站、网上商户、移动服务终端、空中充值平台等各种形式。代收电费给代收机构带来宣传效应，为供电企业延伸了柜面，只要代收电费资金安全且手续费成本合理，这种方式是值得大力推广的。

5. 委托缴费

此种方式主要是采用托收无承付的方式通过银行来实现缴费，该种方式主要用于企事业单位。银行根据收付双方签订的合同，收款单位委托银行收款时，不需经过付款单位承付，即可主动将款项划转收款单位的一种同城结算方式。

6. 自助缴费

自助缴费是指客户通过电话、公共网站、自助型终端设备等各种媒介自主缴纳电费的一种缴费方式。

所有自助缴费方式大多都是非供电企业的各缴费渠道代收电费的一种形式，其实现原理与其他代收方式完全相同，例如，招行自助服务区开通的自助终端签约、缴纳电费等业务与招行柜面开通的代收电费业务完全相同，不同的是客户不再面对服务人员，而是根据自助设备操作提示缴纳电费。

自助缴费的形式主要有以下几类：

（1）自助终端机：客户通过银行、银联、非银行机构、供电公司的自助终端机按照界面提示步骤缴纳电费。

（2）电话银行：客户通过拨打持卡银行的电话，根据语音提示缴纳电费。

（3）网上缴费：客户通过登陆持卡银行或银联的网上银行、代收机构网上商铺、供电企业网上营业厅等网站，根据提示缴纳电费。

（4）手机短信：客户将移动、联通等手机与银行卡绑定，开通"手机钱包"，同时，银联等代收电费机构的公共支付平台将电力客户编号与银行卡绑定，实现手机短信指令缴纳电费。

（5）电费充值卡：供电企业自建"95598"充值平台，或借助移动、联通、电信充值平台，开通充值业务后，客户购买充值卡，拨打指定充值电话，根据语音流程提示缴纳电费。

（6）固网支付：购买具有刷卡功能的电话，开通固定电话公共支付功能，实现"足不出户，轻松缴费"。目前，电信公司已在一些地区与银联合作，开通这一功能。

（7）支付宝支付：支付宝交纳电费有两种模式：① 客户登录供电企业自建"95598"网站，通过"支付宝缴费"菜单进行缴费；② 客户登录支付宝网站直接交纳电费。

此种交费不受时间、地点的限制，方便了客户的交费，有效解决了电力客户交费难的问题。

（8）微信、电 e 宝、掌上电力支付：通过微信、电 e 宝、掌上电力手机客户端交费，此种交费方式也是不受时间、地点的限制，方便了客户的交费，有效解决了电力客户交费难的问题。

7. 预付费电能表缴费

以 CPU 卡为传输介质，采用一表一卡、一表一密的管理模式，对用户实行先交费后用电。当用户剩余电量为零时，系统将自动切断用户用电。

当电能表中的剩余电量达到某一设定值时，电能表自动切断用户用电，从而实现对用户缴纳电费的控制作用，当用户持卡缴费购电，将购电量追加到电能表中后，应能够自动恢复用户用电。

预付费电能表的使用能有效提高售电管理部门的工作效率，节省大量的人力、物力和财力。

不论客户选择何种形式的方法缴费，供电企业的收费部门均应编制日缴费汇总清单，以缴费方式、责任人为单位汇总，送相应财务部门，以便财务部门能及时与银行对账，检查资金的实际到位情况

【思考与练习】

1. 电费回收的目的和意义是什么？

2. 试述坐收电费的业务流程，并简述开展坐收电费应注意哪些业务规范。

3. 请阐述坐收、走收、代扣、代收几类收费方式收取电费的利与弊。

4. 简述常见的自助缴费形式。

模块 2　电费回收率统计和相关规定（Z35F1002 I ）

【模块描述】本模块包括电费回收率计算、统计、分析方法，电费回收率考核标准、电费坏账考核、案例分析等内容。通过概念描述、公式解析、要点归纳，掌握电费回收率的统计方法和相关规定。

【模块内容】

一、电费回收率计算

及时、准确、全面搞好电费回收工作是保证国家经济收入和电力企业正常生产的基础，为了确保这项任务的完成，及时把握电费回收情况，考核和评价电费回收工作，可以用指标计算来客观显示电费回收情况，这一指标可划分为月度和年度两个指标，计算公式如下：

（1）月电费回收率=本月电费实际回收额/本月应收电费总额×100%。

（2）全年电费回收率=本年度电费回收额/本年度应收电费总额×100%。

（3）月累计电费上缴率。在规定截至日前，已上缴省公司结算中心电费与应收电费的百分比，即电费及时上缴率=已上缴电费/统计期应收电费总额×100%。

（4）拖欠电费汇总。就是某一个时期内，各类客户在使用电能的过程中拖欠供电企业电费的总额度。该指标比较直观地反映了供电企业电费回收的具体情况，也可以依据客户分类分别汇总。

二、电费回收考核标准

各供电公司可依据国家电网有限公司的具体要求和本供电公司的工作实际来制订、落实电费回收考核指标和考核标准。以下是某供电公司的具体指标的制订：

（1）月电费回收率，考核标准为次月 5 日 99%，次月 10 日 100%。

（2）全年电费回收率，考核标准为 100%。

（3）月累计电费上缴率，考核标准为 100%。

（4）陈欠电费回收额，考核标准由供电公司每年核定一次。陈欠电费是指至次年元月 5 日止未结清的跨年度电费，不包括经供电公司批准核销的电费坏账。

月电费回收率指标的考核期为考核月份的次月 5 日（或次月 10 日）；全年电费回收率指标的考核期为本年度元月 1 日至次年元月 5 日；月累计电费上交率指标的考核期为本年度元月 6 日至考核月份的次月 5 日；遇节假日顺延。电费总额包括目录电费和国家规定的各项代收费用。

考核期内累计实际回收的电费总额不含客户次月 5 日（或次月 10 日）前上交的次月电费、对客户分次结算电费和回收的陈欠电费。

电费资金以财务实际到账电费资金为准，营业部门已收取的银行在途资金视为到账资金计算电费回收率。

三、电费坏账考核

电费坏账是指经法院依法宣告破产的欠费、因企业关停、倒闭或企业被工商部门注销以及账龄超过三年以上的经确认难以收回的电费。电费坏账作为电力企业的无法追回的债权性资产损失，需进行"账销案存"（即核销）处理。

所谓账销案存资产是指企业通过清产核资经确认核准为资产损失，进行账务核销，但尚未形成最终事实损失，按规定应当建立专门档案和进行专项管理的债权性、股权性及实物性资产。

为规范和加强资产管理，促进账销案存资产的清理回收，盘活不良资产，防止国有资产流失，国务院国有资产监督管理委员会下发了《关于印发中央企业账销案存资产管理工作规定的通知》（国资发评价〔2005〕13号），国家电网有限公司也出台了《国家电网公司账销案存资产管理实施办法》，对电费坏账的清查、核销做出了明确规定，现将电费坏账核销的必要认定条件及办理程序介绍如下。

1. 必要认定条件

（1）电费债务单位被宣告破产的，应当取得法院破产清算的清偿文件及执行完毕证明；

（2）电费债务单位被注销、吊销工商登记或被政府部门责令关闭的，应当取得清算报告及清算完毕证明；

（3）电费债务人失踪、死亡（或被宣告失踪、死亡）的，应当取得有关方面出具的债务人已失踪、死亡的证明及其遗产（或代管财产）已经清偿完毕、无法清偿或没有承债人可以清偿的证明；

（4）涉及诉讼的，应当取得司法机关的判决或裁定及执行完毕的证据；无法执行或债务人无偿还能力被法院终止执行的，应当取得法院的终止执行裁定书等法律文件；

（5）涉及仲裁的，应当取得相应仲裁机构出具的仲裁裁决书，以及仲裁裁决执行完毕的相关证明；

（6）与债务人进行债务重组的，应当取得债务重组协议及执行完毕证明；

（7）电费债权超过诉讼时效的，应当取得债权超过诉讼时效的法律文件；

（8）清欠收入不足以弥补清欠成本的，应当取得清欠部门的情况说明及企业董事会或总经理办公会等讨论批准的会议纪要；

（9）其他足以证明债权确实无法收回的合法、有效证据。

2. 办理程序

（1）供电企业内部相关业务部门提出销案报告，说明对账销案存资产的损失原因和清理追索工作情况，并提供符合规定的销案证据材料；

（2）供电企业内部审计、监察、法律或其他相关部门对资产损失发生原因及处理情况进行审核，并提出审核意见；

（3）供电企业财务部门对销案报告和销案证据材料进行复核，并提出复核意见；

（4）供电企业销案报告报经总经理办公会等决策机构审议批准，并形成会议纪要（单项资产备查账簿账面金额在 5000 万元以上的，报国网公司总部核准）；

（5）根据本单位决策机构会议纪要、上级单位核准批复及相关证据，由供电企业负责人、总会计师（或主管财务负责人）签字确认后，进行账销案存资产的销案；

（6）财务销案后在电力营销业务系统中进行核销登记。

电费坏账核销涉及抄核收人员的主要工作是根据实际用电环境，认真分析、甄别陈欠电费，确定需申报坏账，收集必要的认定证明材料，在完成账销案存资产的销案程序后，进行业务系统内的销账。抄核收人员应当充分认识到电费收入作为国有资产的重要性质，与管理人员一起，对清产核资中清理出的各类欠费资产损失进行认真剖析，查找原因，明确责任，提出整改措施，同时应当按照《国有企业清产核资办法》规定，组织对账销案存资产进行进一步清理和追索，通过法律诉讼等多种途径尽可能收回资金或残值，防止国有资产流失。对账销案存资产清理和追索收回的电费资金，应当按国家和国网公司有关财务会计制度规定及时入账，不得形成"小金库"或账外资产。账销案存资产备查账簿是辅助会计账簿，用于辅助管理，各单位不得通过备查账截留资金收入。

【思考与练习】

1. 什么是月电费回收率？如何计算？

2. 请叙述电费坏账核销的办理程序。

3. 电费坏账核销的必要认定条件有哪些？

▲ 模块 3　客户缴费方式和缴费时间（Z35F1003Ⅱ）

【模块描述】本模块包含常用缴费渠道、客户的结算方式和客户缴费时间的规定等内容。通过概念描述、要点归纳，掌握客户缴费时间要求。

【模块内容】

一、缴费渠道

电费缴费渠道是供电企业销售电能，获得收入的渠道。电费缴费的方式层出不穷，根据参与缴费过程的收费服务提供商的不同，客户缴纳电费的渠道可以分为以下三类：

1. 供电企业

供电企业作为电能产品的供应商，也是多年来电能的唯一销售商，是历史最悠久、最被客户认知的电费缴费渠道。

2. 金融机构

各银行为拓展业务能力，树立金融品牌形象，与供电企业合作开通代收电费业务，成为电力客户缴纳电费的新渠道。随着邮局、银联等特殊金融企业的加入，该缴费渠道服务的客户群体范围得到了更全面纵深的发展。

3. 非金融机构

随着代收电费中间业务的发展，电信等通讯行业、大型商场、超市、特殊行业的连锁专卖店、通过保证金授权的个体经营者等各类社会化代收电费渠道纷纷诞生，并不乏取得巨大经济效益和社会效益的成功案例，现已成为十分受客户欢迎的缴费渠道。

二、客户的结算方式

1. 现金缴款

现金缴款是指用现金来交纳电费的一种资金形式，主要用于居民或电费额度不高的低压非居民客户。收费人员接受客户的现金后，应当面认真地检验票面的真伪，防止收到假钞带来不必要的损失。日终收费结束后，应清点资金，生成或填写现金解款单，及时进账到指定的电费资金账户中。

2. POS 刷卡

POS 刷卡是指在收费柜台安装 POS 机具，通过客户刷卡消费方式，将应缴电费从客户银行卡账户划转到供电企业指定电费资金账户的一种结算方式。

POS 收费的业务处理包括以下内容：

（1）每日上班前，检查组成部件并进行 POS 机具签到，做好刷卡收费准备，日终 POS 收费结束时，进行签退。

（2）开展 POS 收费时，根据合作方规定的验卡常识验卡；确认卡有效后在 POS 机具上确认交费金额，要求客户确认金额，输入密码，完成交费；交费成功后，生成出当笔交易的 POS 凭条，柜面收费员再次确认凭条生成的卡号是否与卡面卡号一致，防止伪卡消费；确认后请客户在存根凭条上签字确认消费金额；收费员将客户在凭条上的签名与缴费的银行卡背书签名核对，核对无误后，交易完成，将客户的银行卡退还给客户。

（3）POS 存根保存。按合作方规定，按日装订保管好带有客户签名的 POS 交易凭条存根联，随时备查。

在开展 POS 收费时，还应注意按金融行业验卡要求进行验卡，保障交易资金安全到账。验卡一般要求如下：

（1）确认持卡人出示的卡为银联（合作银行）识别的银行卡。

（2）确认卡正面的卡号印制清晰且未被涂改。

（3）确认卡背面的签名清晰且未被涂改，签名条上没有"样卡、作废卡、测试卡"等非正常签名的字样。

（4）确认银行卡无打孔、剪角、毁坏或涂改的痕迹。

（5）如是信用卡，确认银行卡是在有效期内使用。

3. 支票

支票是指由出票人签发的，委托办理支票存款业务的银行或者其他金额机构在见票时无条件支付确定金额给收款人或者持票人的票据。支票是目前客户用于缴纳电费最常见的一种票据形式。

按支票的功能分，支票通常可以分为现金支票（如图 5-3-1 所示）、转账支票（如图 5-3-2 所示）、普通支票。其中现金支票上印有"现金支票"字样，用于提取现金；转账支票上印有"转账支票"字样，用于账户转账，普通支票未印有"现金"或"转账"字样，即可以作为现金支票使用，又可以作为转账支票使用。通常在电费收费工作中最常见到的是现金支票和转账支票。

图 5-3-1 现金支票

图 5-3-2 转账支票

　　收费人员在收到支票后，首先应审核支票的有效性，防止因支票填写问题导致退票，影响电费资金回收。支票验票通常应核对支票的收款人、付款人的全称、开户银行、账号等填写是否准确、规范、无涂改；金额大小写是否一致、正确；出票日期是否在有效期内；印鉴是否完整、清晰；对于背书转让支票，还应审核被背书人是否确为供电企业收款账户收款人，背书是否连续，无"不准转让"字样，支票付款账户与收款账户是否在同一属地。支票审验合格，确认收费后，应尽快到银行办理进账手续。

　　现金支票只能到付款账户开户银行提取现金，收费人员使用现金支票提取现金后，应立即存入供电企业指定的资金账户中。

　　转账支票进账可以到付款账户开户行或收款账户开户行办理。直接到客户开户行进账，银行柜面不但可以验明票据的有效性，还可审核账户余额是否充足，一般银行确认后即进账成功，基本上不会发生退票，资金转账安全、高效，建议收费员采用这种方式进账。

　　在转账支票进账时还需填写进账单，进账成功后，银行将确认支票进账行为的进账单回执联盖章退还给进账人作为进账依据。当从付款账户开户行进账，收款人信息填写不正确或进账单左右联转账金额不相符时，也可能导致收款账户银行退票，收款人银行将资金退还到付款人银行并上账到付款账户，出现这种问题时，资金周转期较长，将严重影响电费回收，因此进账单填写也同样重要，收费员一定要认真对待。

　　有些地区的供电企业为规范资金管理，要求客户缴纳电费时不直接缴纳支票，而是缴纳支票从其开户银行进账后的进账单回执联，供电企业确认收到资金后再进行实收销账。采用这种方式电费资金到账安全、及时，实收销账准确、可靠，值得推广。

　　4. 银行直接划转

　　客户通过网上银行、转账汇款、银行柜面电子兑对等形式直接将资金进账到供电企业指定的电费资金账户中的电费资金回收形式即为银行直接划转。客户在成功进账后，将通过各种方式通知供电企业缴费事实，收费人员只需审核确认资金到账属实，即可登记当笔到账资金并进行电费销账。

　　通过代收机构缴纳电费的客户，其电费资金由代收机构及时进账到供电企业指定的电费账户中，其资金形式也为银行直接划转。由于机构代收电费多采用实时交易模式，在代收的同时也对供电企业系统内电费进行了销账，因此无需另行销账。

　　银行直接划转这种电费资金回收形式确保了先回收资金、再销账，不但资金安全可靠，业务流程也科学合理，是一种值得推广使用的资金结算形式。但在实际收费工作中，还应注意及时查收落实资金，进行电费销账，避免出现已缴费客户被催费停电而引起客户服务差错事故。

三、客户的缴费时间

缴费期限按合同约定执行，未签订缴费合同的，按照通知缴费日期执行，逾期不交或未交清者应该按有关规定加收电费违约金。同时，对于自逾期之日起计算超过 30 日，经催交仍未交付电费的客户供电企业可以依法按照有关规定停止供电，客户欠费需依法采取停电措施的，提前 7 天送达停电通知书。

客户电费缴纳期限如下（以某供电公司为例）：

（1）按规定每月一次向供电企业交清电费的客户，自抄表之日或规定缴费日次日起 10 日内为缴费时间，超过 10 日为逾期。

（2）按规定每月分次向供电企业交清电费的客户，自抄表之日或规定缴费日次日起 5 日内为缴费时间，超过 5 日为逾期。

（3）大工业客户：实行计划结算划拨电费，每月分三次划拨。第一次划拨当月 30% 的计划电费，于 10 日前进入供电企业账户；第二次划拨当月 40% 的计划电费，于 20 日前进入供电企业账户；第三次划拨当月抄表后结算的全部电费，于月末最后一天进入供电企业账户。对月末最后一天抄表的特大客户，自抄表之日起 5 日内为缴费时间，超过 5 日为逾期。

（4）农村客户：村民客户交付电费的期限参照城镇居民客户执行。乡（镇）企业客户交付电费的期限参照同类型工业客户执行。

【思考与练习】

1. 采用 POS 刷卡收费时应如何验卡？
2. 请简述收到支票后如何审验支票的有效性？
3. 请简述常用的电费资金结算形式有哪些？
4. 按规定每月一次向供电企业交清电费的客户，缴费日期是怎样规定的？

◢ 模块 4 托收电费方法与规定（Z35F1004Ⅱ）

【模块描述】本模块包括银行托收电费的方式、托收承付的含义、托收客户的管理、办理托收电费的方法步骤、托收电费异常情况处理等内容。通过概念描述、流程介绍、要点归纳，掌握托收客户管理的内容、托收电费的方法。

【模块内容】

一、银行托收电费的方式

银行托收电费的方式主要有两种，一种是托收无承付，一种是托收承付。这两种方式在以前经常用到，但随着经济体制改革，国家不提倡用此方法收取电费，现在仅个别地区和单位在使用此方法，而且这两种方法比较常用的是托收无承付。

1. 托收无承付

托收无承付亦称"专用托收"。银行根据收付双方签订的合同，收款单位委托银行收款时，不需经过付款单位承付，即可主动将款项划转收款单位的一种同城结算方式。

为方便客户，现在部分城市和单位还在用这种交费方式。

2. 托收承付

托收承付亦称异地托收承付，是指根据购销合同由收款人发货后委托银行向异地付款人收取款项，由付款人向银行承认付款的结算方式。根据《支付结算办法》的规定，托收承付结算每笔的金额起点为 1 万元，托收电费是供电企业通过银行拨付电费，它适用于机关、企业、商店、军队等单位，手续简便、资金周转快、便利客户、账务清楚。

二、托收承付的含义

1. 托收

托收是收款人根据购销合同发货后委托银行向付款人收取款项的行为。收款人开户银行在收到托收凭证及其附件后，应进行审查包括：

（1）托收款项是否符合异地托收承付结算办法规定的范围、条件、金额起点以及其他有关规定。

（2）有无商品已发运的证件。

（3）托收凭证是否填写齐全，符合填写要求。

（4）托收凭证与所附单证的张数是否相符。

（5）托收凭证上是否加盖收款人的印章。托收凭证审查时间不得超过次日。

2. 承付

承付是指由付款人向银行承认付款的行为。验单付款人的承付期为 3 日，从付款人银行发出承付通知单的次日算起（法定休假日顺延）。付款人未表示拒付的银行认为承付，并于期满次日将款项从付款人账户内付出。验货付款的承付期为 10 日，从运输部门向付款人发出提货通知的次日算起。收付双方有明确规定的，依规定而行。在第 10 日付款人通知银行货物未到。而以后收到货物时又未及时通知银行的，银行仍按 10 天期满次日作为划款日期，并按超过的天数，计扣逾期付款赔偿金。应当注意付款人不得在承付货款中抵扣其他款项或以前托收的款项。

三、托收客户的管理

（1）凡实行由银行托收电费的客户均应签订结算协议书。

（2）凡结算户均按单位统一编号，建立托收电费客户户数增删目录表。

（3）统一付费的结算单位，若其经管的客户有所增减或开户银行有所变动时，可根据客户通知及时订正，防止错划或银行退划电费。

（4）结算单位变动时，应根据双方的来函，注明新单位的名称及开户银行账号等再变更。

四、办理电费托收的方法步骤

1. 托收电费的方法步骤

办理托收电费可到供电公司营业厅或电费结算中心领取委托银行收款的协议书，根据协议书上的要求，填写有关内容后盖上付款单位印章。本协议有四联，即供电公司、收款银行、付款单位、付款银行各执一份。将供电公司、收款银行存根联交回供电公司营业窗口或电费结算中心即可。

2. 托收电费的结算程序

（1）结算员对电费审核员转来的结算电费卡片按核算的金额进行验收，经检查无误后，再根据结算编号，将结算顺序整理；等待所有结算户会齐后，再进行电费结算工作。

（2）根据结算电费卡按单位填写"托收无承付"结算电费收据。

（3）电费卡、收据和托收凭证上的金额，在送银行前必须核对相符。然后，在卡片上加盖收讫戳，根据托收的金额填写银行送款簿及电费划拨单（一式两份）交有关人员下账。

五、托收电费异常情况处理

（1）托收客户发生银行存款不足或其他原因退票时，应及时与客户联系，在最短期限内再行划出或设法催收。

（2）结算单位如改回现地付费时，必须了解情况，由原单位找出现地付费负责人，方可停止结算工作。

（3）当地银行有规定起点金额者，凡电费不足起点金额的，应与客户联系缴纳现金。

六、委托收款与托收承付结算方式区别

（1）委托收款适用范围广泛，无论同城还是异地均可使用，且不受起点金额限制。凡在银行或其他金融机构开立账户的单位，各种款项结算都可采用。而托收承付如前所述只适用于异地企业之间有协议的商品交易，且有金额起点，起点为 10 万元。

（2）在两种结算方式中，银行的作用也不一样。采用委托收款方式，银行只起结算中介作用，付款方无款支付，只要退回单证就行；拒付，银行不审查理由。而采用托收承付，银行还行使行政仲裁职能，要审查拒付方的拒付理由。

【思考与练习】

1. 什么是银行托收无承付？

2. 什么是银行托收承付？

3. 银行托收电费是如何结算的？

◢ 模块 5　电费回收汇总、统计、分析（Z35F1005Ⅲ）

【模块描述】本模块包括电费回收汇总统计表的基本内容、数据计算，并能够据此分析电费回收情况。通过学习，掌握电费回收汇总、统计，并能进行分析。

【模块内容】

一、电费回收汇总统计表基本内容

电费回收填写的主要内容有当月应收电费、欠费、回收率、累计等。

二、电费回收汇总统计表数据计算

电费回收汇总统计表一般应包含以下内容：当月应收电费、当月欠费、当月回收率，本年度应收电费、本年度欠费、回收率等。

1. 应收电费

供电公司按时间发行的电量和国家计委批准的统一销售电价计算的应向客户收取的电费。单位通常用元表示。

2. 实收电费

供电公司实际收到客户缴纳的电费。单位通常用元表示。

3. 欠费

$$欠费=应收电费-实收电费$$

4. 电费回收率

每月实际回收的电费金额与当月应收电费金额之比的百分数称为电费回收率。

电费回收率计算公式：$本月电费回收率 = \dfrac{本月实收电费额（元）}{本月应收电费总额（元）} \times 100\%$

5. 累计欠费

累计欠费是截止到本月收费日客户累计欠缴电费金额，可反映历史上各类客户欠费情况。

6. 累计电费回收率

该指标可以客观反映统计单位电费历年来的回收情况，是一项综合性很强的指标，即

$$累计电费回收率 = \dfrac{截止到统计日实收电费总额（元）}{截止到统计日应收电费总额（元）} \times 100\%$$

以某公司供电单位电费回收情况为例，见表 5-5-1。

表 5-5-1   电费回收情况统计表

地区	供电单位	××××年××月			××××年1~××月		
		应收电费（万元）	欠费（万元）	回收率（%）	应收电费（万元）	欠费（万元）	回收率（%）
合计		90 045.78	499.81	99.444 94	559 749.84	526.76	99.9059
××县公司	××供电所	36 866.96	424.89	98.848	208 269.58	451.84	99.783
	××供电所	15 947.90	36.23	99.773	95 937.18	36.23	99.962
	××供电所	20 152.19	16.70	99.917	131 917.24	16.70	99.987
	××供电所	10 651.02	11.80	99.889	76 939.04	11.80	99.985
	××供电所	6427.71	10.19	99.841	46 686.80	10.19	99.978
	小计	90 045.78	499.81	99.445	559 749.84	526.76	99.906

【例 5-5-1】某供电所 2000 年 3 月，累计应收电费账款 1 250 500.00 元，其中应收上年结转电费 500 000.00 元。至月末日，共实收电费 980 000.00 元，其中收回以前年度电费 340 000.00 元，求其该时期累计电费回收率、本年度电费回收率和以前年度电费回收率（保留一位小数）。

解：累计电费回收率=980 000÷1250 500×100%=78.4%

本年度电费回收率=(980 000−340 000)÷(1 250 500−500 000)×100%=85.3%

以前年度电费回收率=340 000÷500 000×100%=68%

答：该所累计电费回收率、本年度电费回收率、以前年度电费回收率分别为78.4%、85.3%、68%。

【思考与练习】

1. 电费回收汇总情况统计表包含哪些内容？

2. 电费回收汇总情况统计表的要求？

3. 某供电所 2008 年 4 月，累计应收电费账款 1 300 500.00 元，其中应收上年结转电费 550 000.00 元。至月末日，共实收电费 1 020 000.00 元，其中收回以前年度电费 300 000.00 元，求其该时期累计电费回收率、本年度电费回收率和以前年度电费回收率（保留一位小数）。

▲ 模块 6 银行转账电费处理、回单核对（Z35F2001Ⅲ）

【模块描述】本模块包括银行代收协议、银电联网电费业务、银电联网电费流程及业务规定、转账处理等内容。通过概念描述、流程介绍、框图示意、要点归纳，掌握银行转账的处理方法。

【模块内容】

一、银行代收协议

电力企业与银行（或信用社）签订委托代收电费协议（电力企业按月应付给银行代收电费手续费）。电力企业依据协议规定，由抄表人员对所有以现金或支票交付电费的客户送交"电费交费通知单"，以便客户持通知单到银行交付电费。

"电费交费通知单"有两种形式。一种是到指定代收银行交纳电费的通知单。每天电费收据由营业部门审核无误后，交给银行，由银行代收电费。银行每天所收的电费，直接进入电力企业电费存款账户。在每个区段交纳电费的限期到期后，银行应将已收电费收据的存根及银行存款进账单，连同未收的电费收据一并交给营业部门。营业部门对银行代收电费审核无误后，应分类编制实收电费表，把银行未收的电费收据交给坐收人员代收，并派人向客户催交电费。另一种"电费交费通知单"是抄表员将填写好的"电费收据"三联单交给客户，要求客户在规定期限内执三联单到银行交款，过期银行拒收，请客户到电力企业营业部门办理迟交电费手续并交纳电费违约金。银行凭三联单所列金额收款，三联单的第一联加盖收讫图章后即为收据，交与客户留存，第二联银行留存，第三联汇总后填写代收电费送款簿送交供电营业部门，所收到的全部电费存入供电部门账户内。电费管理人员根据银行转来的电费付款单办理收账手续，次日立即开出付款委托书将银行辅助账户的电费存款全部上缴入库。这种方法是供电企业与银行（或信用社）签订委托代收电费协议后即可采用。其优点是减少了中间环节，资金周转快。

二、银电联网电费业务

1. 银行实时联网

银电联网实时收费，实时销应收账，同时实时记银行存款账。

2. 卡表充值

客户持卡到当地供电部门指定网点进行卡表充值。银行只能进行正常的卡表售电，其他业务如故障户、卡异常户只能到供电部门处理。客户充值时，使用支票由银行管理，如果出现空头，由银行负责催缴。

3. 储蓄代扣

对签订代扣协议的客户，电费发行后，该月电费仍欠费，按照银行系统的接口协议生成扣款文件。文件可以多次生成，如果文件生成错误的话，没有传给银行前可以撤销，重新生成。文件生成后，传递到银行的手段多种多样，可 U 盘或者邮件发送。银行实时联网后，可以通过前置机发送请求传送文件。

4. 银电联网数据处理

银行与营销系统核对当日差错，将当天所收电费的总笔数、总金额发给供电单位前置机，由它统计、核对。当对总账不平时，银行应逐笔将当天的缴纳费用的交易流水全部总金额发给供电单位的前置机，由它逐笔核对。

三、转账处理

1. 转账的手工处理

供电企业必须先填写（打印）特约委托收款凭证、电费发票等票据，按客户开户银行（简称付款人银行）分类汇总封包，送供电企业开户银行（简称收款人银行），与银行共同审核票据及应收款汇总金额、笔数，确认后交接封包，收款人银行将封包送人民银行清算，各付款人银行到人民银行提取清算票据，逐笔按凭证划转电费（签定承付协议的银行方还需与客户确认是否允许扣款），扣款完成后，将扣款成功的凭证回执联及扣款不成功的原始票据（注明退票理由）全部返还到人民银行清算中心，由收款行提票送达给供电企业，供电企业依据返回票据确认业务系统收费。

2. 电力营销业务应用系统处理银行转账电费

通过电力营销业务应用系统可以实现银电联网实时收费，实时销应收账，同时实时记银行存款账。整个转账过程通过计算机网络来实现，极大地提高了工作效率和准确率，节省了劳动力。

3. 转账业务处理中的常见问题处理

（1）增值税客户：增值税发票不能随凭证一起送银行，这类客户在委托收款时打印普通电费发票或销货清单，待收款成功后，客户凭普通发票或销货清单到供电企业办理换票。

（2）分次划拨客户：对采用分次划拨的客户，前几次托收时打印收据，月末最后一次结算电费时打印电费发票及明细账单。

（3）分次结算客户：采用分次结算的客户，每次结算都开具发票并委托收费，在月末最后一次结算时，除打印电费发票外还需提供全月电费清单一并封包至收款银行办理扣款。

（4）退票处理：对于银行退票，应如实登记退票信息，对因客户账户错误导致的扣款不成功电费进行核查处理；对因资金不足导致扣款不成功的，通过95598业务处理或催费人员及时通知客户尽快缴纳电费。

（5）重新转账：退票核实原因后，需要重托的，若电费违约金发生变化的，应将原发票作废，重新打印发票后托出。

（6）并笔转账：多个用电客户可以通过一个银行账号进行托收。发票上的单位名称可以以被转账的付款单位名称开具。供电企业可以为这些客户确定关联缴费关系，并笔打印托收凭证，并笔申请划款。

（7）账务人员应及时到电费开户银行索取银行的到账通知单，以便及时销账。

（8）未退未回处理。超过正常日期未返回回单的，转账人员应联系收、付银行，尽可能追回票据，重新处理，对于确实无法找回票据的，应登记未退未回信息，通知客户，同时找出相应电费发票存根联，复印作为发票，补齐收款凭证后按退票的操作方式重新托出电费，或转入其他收费方式尽快回收电费。

【思考与练习】

1. 如何手工处理电费转账业务？

2. 银行实时联网电费业务有哪些规定？

3. 转账业务处理中常见问题的处理办法有哪些？

第六章

电费报表编制

◢ 模块1　实收日报填写要求及规范（Z35F2002 Ⅰ）

【模块描述】本模块包括电费实收日报表基本内容、项目数据计算、电力营销业务应用系统生成电费实收日报表的操作、审核与分析等内容。通过概念描述、公式解析、样例示意、要点归纳，掌握手工填制与计算机生成电费实收日报表的要求。

【模块内容】

一、电费实收日报表基本内容和要求

实收电费总日报表填写的主要内容有电费、代收资金、加价和地方附加费的金额，电费发票的份数以及银行进账的回单份数。此表是在上门走收、定点坐收、银行代收和营业厅台收的日报审核无误后，每日汇总填制的。

二、电费实收日报表项目数据计算

其报表一般应包含以下内容：电费区码、页码、地址、客户户号、名称、执行电价类别、应收金额和份数、实收金额和份数、违约金金额和份数、票据种类、未收电费金额和份数、缴费方式等。

1. 客户实收电费

每日实际收取客户电费金额。

2. 客户实收电费汇总

实收电费汇总是收费员每日实际收取客户电费金额的累计汇总。

3. 客户应收电费汇总

应收电费汇总是收费员对客户应收电费金额的累计汇总。该内容与实收汇总相对应。

4. 本月欠费

本月欠费是截止到本月末收费日客户欠缴电费金额累计，是本月应收电费与实收电费的差值。

5．本月电费回收率

本月电费回收率计算公式：本月电费回收率 $= \dfrac{\text{本月实收电费额（元）}}{\text{本月应收电费总额（元）}} \times 100\%$

6．累计欠费

累计欠费是截止到本月收费日客户累计欠缴电费金额，可反映历史上各类客户欠费情况。

7．累计电费回收率

该指标可以客观反映统计单位电费历年来的回收情况，是一项综合性很强的指标，即

$$累计电费回收率 = \dfrac{\text{截止到统计日实收电费总额（元）}}{\text{截止到统计日应收电费总额（元）}} \times 100\%$$

8．电费余额处理

电费余额是指实收电费金额超过应收电费金额的多收电费，对于电费余额可做其他应付电费或者做预付进行调平处理。

三、电力营销业务应用系统电费实收日报表生成操作

目前，电力营销业务应用系统普遍应用，电量电费管理工作更加实用化，通过计算机能够正确进行电量电费各种报表的生成、计算和管理，建立各种报表非常简洁实用。具体设计、实施一般由企业电费管理部门自行规定要求、设计报表格式等。以某公司实收汇总清单为例，见表6-1-1。

表6-1-1　　　　　　　某公司实收汇总清单　　　　　　　单位：万元

收费单位	缴费方式	结算方式	电费	违约金	预收电费	小计
××供电公司	负控购电	POS机刷卡	399.37	0	88 255.8	88 655.17
××供电公司	负控购电	现金	0	0	1 772 000	1 772 000
××供电公司	负控购电	银行到账单	4181.85	0	12 037 927.21	12 042 109.06
××供电公司	负控购电	转账	26 618.21	0	−26 618.21	0
××供电公司	负控购电	转账支票	0	0	−4115.4	−4115.4
××供电公司	卡表购电	POS机刷卡	28 685.91	0	11 000	39 685.91
××供电公司	卡表购电	现金	741	0	5406	6147
××供电公司	卡表购电	银行到账单	55 250	0	13 929.1	69 179.1
××供电公司	卡表购电	转账	10 237.1	0	−10 237.1	0
××供电公司	特约委托	银行到账单	0	0	2118.56	2118.56
××供电公司	特约委托	转账	2118.56	0	−2118.56	0

续表

收费单位	缴费方式	结算方式	电费	违约金	预收电费	小计
××供电公司	走收	银行到账单	4167	0	0	4167
××供电公司	坐收	POS 机刷卡	440 808.34	3	9585	450 396.34
××供电公司	坐收	内部账单	−922	0	922	0
××供电公司	坐收	现金	9531.05	0	30 701.69	40 232.74
××供电公司	坐收	银行到账单	961 265.21	29	27 055.94	988 350.15
××供电公司	坐收	转账	94 036.64	0	−94 036.64	0
××供电公司	坐收	转账支票	0	0	−3167.84	−3167.84
95598	卡表购电	充值卡	0	0	2150	2150
95598	坐收	充值卡	0	0	58 850	58 850
95598NetAlipay	坐收	网上银行	2013	0	0	2013
×××市工商银行	坐收	银行代扣	796	0	0	796
×××市工商银行	坐收	银行代收	1481	0	0	1481
×××市农业银行	坐收	银行代扣	336	0	0	336
×××市农业银行	坐收	银行代收	2257	0	0	2257
×××市中国银行	坐收	银行代收	660	0	0	660
×××市建设银行	坐收	银行代收	143 865	3	0	143 868
银联代收×××	负控购电	银行代收	16 629.69	0	0	16 629.69
银联代收×××	卡表购电	银行代收	17 356	0	0	17 356
银联代收×××	坐收	银行代收	137 339.98	0	0	137 339.98
×××市江苏银行	坐收	银行代收	463	0	0	463
×××光大银行	负控购电	银行代收	1707.86	0	0	1707.86
×××光大银行	卡表购电	银行代收	582	0	0	582
×××光大银行	坐收	银行代收	19 223	1	0	19 224
×××市邮政储蓄	坐收	银行代扣	2058	0	0	2058
×××市江苏邮政	卡表购电	银行代收	6097	0	0	6097
×××市江苏邮政	坐收	银行代收	86 277.6	2	0	86 279.6
×××工商银行电子托收	特约委托	电子托收	33 127.93	0	0	33 127.93
×××中行电子托收	特约委托	电子托收	165 903.61	0	0	165 903.61
×××建行电子托收	特约委托	电子托收	29 889.31	0	0	29 889.31
×××电信代收	卡表购电	银行代收	4465	0	0	4465
×××电信代收	坐收	银行代收	92 282	1	0	92 283
合计	合计	合计	2 401 928.22	39	13 919 607.55	16 321 574.77

1. 操作方法

按照软件设计、模块要求进行操作。

2. 报表格式

具体设计、实施一般由企业电费管理部门自行规定要求、设计报表格式等。

四、电费实收日报表审核和分析

审核内容如下：

（1）审核实收电费存根和银行进账单（回单）以及收费日志记载的全部金额是否相符。

（2）复核实收电费发票上各项电费金额与实收日报的内容是否相符。

（3）复核违约电费的应收计算、实收金额、发票份数及与实收日志是否相符。

（4）复核未收电费发票份数、金额与实收日志上反映的份数与金额的总和是否与发行数一致。

电费账务管理人员对复核中发现的疑问，应当面向收费人员提出；对完成复核的收费日志，应按规定进行签收。

【思考与练习】

1. 电费实收日报表审核的内容有哪些？

2. 电费实收日报表有哪些基本内容？

3. 电费余额如何处理？

◢ 模块 2　应收日报填写要求及规范（Z35F2003Ⅰ）

【模块描述】本模块包含应收日报的概念、填写要求及汇总步骤。通过概念描述、术语说明、案例介绍、要点归纳，掌握应收日报的填写要求及规范。

【模块内容】

一、应收日报的概念

1. 应收电费

应收电费是指电力企业按实际发行的电量和国家物价部门制定的电价，通过计算应向客户收取的电费（含增值税）。单位通常用元表示。

2. 应收统计

应收统计是指报告期（通常有本日、段、月、季、年）内，电力企业按实际发行的电量和国家物价部门批准的统一销售电价计算应向客户收取的电费（含增值税）金额、户数等。单位通常用元、万元表示。

3. 应收日报

应收日报是某日内电力企业按实际发行的电量和国家物价部门批准的统一销售电

价计算应向客户收取的电费，它是做好电费月报表的前提。

二、应收日报的填写要求

电力销售表统计（日报）（部分截取）见表 6-2-1（见文后附页），应收日报的填写有以下要求：

（1）明确所需填写的各数据项目的单位（kWh、元/kWh、元、户）。

（2）统计填写明细电价项，根据要求将正确的电量电费信息根据具体的电价进行分类汇总填写到相应的栏目中。这里要指出的是，一定要理解分类电价的执行范围，什么样的客户执行什么样的电价，要有明确的概念。

（3）掌握表格各数据项之间的勾稽关系（勾稽关系是会计在编制会计报表时常用的一个术语，它是指某个会计报表和另一个会计报表之间以及本会计报表项目的内在逻辑对应关系，如果不相等或不对应，则说明会计报表编制的有问题），利用计算机汇总时，要会用公式统计。

（4）填上填报单位、填报人、填报日期，以及数据项目的单位。

三、应收日报汇总的步骤

（1）合计电度电费=低谷电度电费+平段电度电费+高峰电度电费。

（2）应收合计（合计售电收入）=电度电费+功率因数调整电费（增、减）+基本电费（容量电费+需量电费）。

（3）营业户数按结算户数统计。

（4）将不同电压等级中的数据项进行汇总，填写到汇总项中。

（5）根据表中的分类汇总项进行汇总，如将农业生产用电和农业排灌用电进行合计，汇总在"农业生产"项目中。

（6）将各个大分类项目进行汇总，填写到合计项目中。

（7）填写填报单位、填报人、填报日期。

【思考与练习】

1. 简述应收电费、应收统计、应收日报的概念。

2. 简述应收日报汇总的步骤。

3. 应收日报的填写要求。

模块 3　电能表实抄率、差错率与电费回收率统计和分析方法（Z35F2004 Ⅱ）

【模块描述】本模块包含电能表实抄率、差错率与电费回收率的统计方法和考核要求。通过概念描述、术语说明、计算举例、要点归纳，掌握"三率"指标应用。

【模块内容】

一、实抄率

1. 实抄率的概念

抄表人员每月的实际抄表户数与计划安排的应抄户数之比的百分数，称为抄表员的月实抄率。季、年为累积实抄率。

计算公式：$实抄率 = \dfrac{当期实抄户数}{当期应抄户数} \times 100\%$

【例6-3-1】 某年7月，某供电所工号为103号的抄表工，工作任务单上派发其本月应抄电费户3000户，其中，照明户2500户，动力户500户。月末经电费核算员核算，发现其漏抄动力户2户，照明户18户，估抄照明户3户，求103号抄表工本月照明户、动力户实抄率及合计实抄率（保留两位小数）。

解：$实抄率 = \dfrac{当期实抄户数}{当期应抄户数} \times 100\%$

则　照明户实抄率=[(2500-18-3)/2500]×100%=99.16%

　　动力户实抄率=[(500-2)/500]×100%=99.60%

　　合计实抄率=[(3000-18-3-2)/3000]×100%=99.23%

答：103号抄表工本月照明户、动力户实抄率及综合实抄率分别是99.16%、99.60%、99.23%。

2. 实抄率的要求

创建"国际一流供电企业"要求实抄率达到"动力=100%，照明≥98%"。

3. 保证和提高实抄率的好处

（1）及时地把电量抄回来，提高了售电量的真实性。

（2）有利于及时地回收电费，减少欠费周期。

（3）降低管理线损，有利于进行准确的线损分析。

二、差错率

1. 差错率的概念

电费每月核算的差错次数与实际抄表户数之比的百分数称为每月电费差错率。季、年为累积差错率，计算公式如下。

按差错户数统计：$差错率 = \dfrac{当期差错次数}{当期实抄户数} \times 100\%$

按差错金额统计：$差错率 = \dfrac{电费差错额}{应收电费总额} \times 100\%$

其中差错金额为错误电费与正确电费之间的差值。

【例 6–3–2】某供电营业所当月总抄表户数为 1000 户，电费总额为 400 000 元，经上级检查发现一户少抄电量 5000kWh，一户多抄电量 3000kWh，假设电价为 0.4 元/kWh，试求该供电营业所当月的抄表差错率为多少？电费差错额为多少？

解：根据抄表差错率计算公式得

$$抄表差错率=2÷1000=0.2\%$$

$$电费差错额=0.2\%×400\ 000=800（元）$$

答：抄表差错率为 0.2%。电费差错额为 800 元。

【例 6–3–3】某供电所 2000 年 10 月，新发生电费为 450 000 元，11 月 5 日，在电费抽查中，发现 10 月少收基本电费 17 000 元，其中，多收 A 客户 3000 元，少收 B 客户 20 000 元，求该所 10 月电费差错率。

解：电费差错率=|电费差错额|÷应收电费总额×100%

$$=(20\ 000+3000)÷450\ 000×100\%$$

$$=5.1\%$$

答：电费差错率 5.1%。

2. 差错率的考核要求

根据创建"国际一流供电企业"对电费指标的要求，要达到"差错率≤0.05%"。

三、回收率

该内容可参阅电费回收管理模块五的相关内容。

【思考与练习】

1. 什么是电能表实抄率、差错率？

2. 某供电营业所当月总抄表户数为 1200 户，电费总额为 480 000 元，经上级检查发现一户少抄电量 6000kWh，一户多抄电量 4000kWh，假设电价为 0.56 元/kWh，试求该供电营业所当月的抄表差错率为多少？电费差错额为多少？

3. 某供电所 2008 年 12 月，新发生电费为 480 000 元，11 月 5 日，在电费抽查中，发现 12 月少收基本电费 18 000 元，其中，多收 A 客户 2000 元，少数 B 客户 20 000 元，求该所 12 月电费差错率。

◢ 模块 4 电力销售明细表汇总与填写（Z35F2005Ⅲ）

【模块描述】本模块包含电力销售明细表的概念、填写要求及规范。通过概念描述、术语说明、案例介绍、要点归纳，掌握电力销售明细表的填写要求及规范。

【模块内容】

一、电力销售明细表的概念

电力销售明细表是按用电分类汇总地区内所有客户的电量、电度电费、功率因数调整电费、基本电费和售电平均电价的一种表格。

二、电力销售明细表的填写要求

（1）明确所需填写的各数据项目的单位（kWh、元/kWh、元、户）。

（2）统计填写明细电价项，根据要求将正确的电量电费信息根据具体的电价进行分类汇总填写到相应的栏目中。这里要指出的是，一定要理解分类电价的执行范围，什么样的客户执行什么样的电价，要有明确的概念。

（3）掌握表格各数据项之间的勾稽关系，利用计算机汇总时要会用公式统计。

三、电力销售明细表数据逻辑关系

1. 横向数据之间的关系

（1）总电量=低谷电量+平段电量+高峰电量。

（2）合计电度电费=低谷电度电费+平段电度电费+高峰电度电费。

（3）售电收入=合计电度电费+功率因数调整电费（增、减）+基本电费（容量电费+需量电费）。

（4）营业户数按结算户数统计。

（5）售电单价=售电收入/总电量。

2. 纵向数据之间的关系

（1）将同一分类电价的不同电价等级的数据进行汇总统计，填写到汇总栏目中。

（2）将同一电价分类中的具体电价汇总项相加汇总，填写到分类用电汇总项中。

（3）将各个用电分类项目进行汇总，填写到合计项目中。

（4）核对横向与纵向之间数据关系是否正确。

（5）填写填报单位、填报人、填报日期。

【思考与练习】

1. 什么是电力销售明细表？

2. 电力销售明细表的填写要求是什么？

第七章

拖欠电费情况处理方法与相关规定

▲ 模块1　普通客户拖欠电费情况处理方法与相关规定（Z35F3001Ⅰ）

【模块描述】本模块包括普通客户欠费管理、处理欠费的办法、停止供电的手续和程序等内容。通过概念描述、流程介绍、框图示意、要点归纳，掌握普通客户拖欠电费情况处理方法与相关规定。

【模块内容】

催收电费是为保证电费及时、足额回收的必不可少的措施。凡未按期缴纳电费的用电户，供电公司营业部门应及时组织人员进行催收。对无理拖欠电费的客户，若通过催收无效者，可按规定予以停止供电。电费管理部门应对欠费情况进行统计分析，制定出切实可行的催收欠费的措施，逐渐缩小欠费额度。

一、催缴电费的注意事项

电费催收的依据主要是《中华人民共和国电力法》、《电力供应与使用条例》和《供电营业规则》。因此，在催缴电费时应注意合理使用和利用相关的法律法规，而且应注意以下事项：

（1）催费人员应做好电费回收的宣传工作，必要时与财政、工商、银行、新闻、工会等部门进行沟通与协调，协商强化清欠的措施，建立电费回收预警机制，及时通报恶意欠费、重点欠费情形，切实利用电力营销技术支持系统，加大清缴陈欠、防止新欠的力度，确保电费及时回收。

（2）建立信息沟通渠道，利用电力营销技术支持系统及时收集掌握欠费人生产经营、资金回笼、资产出售和改组改制以及税收状况动态等信息，防止恶意欠费的发生。

（3）明确催费职责，实行催费考核责任制。各级供电公司可依据本单位的实际情况，确定相应的考核标准，重点做好当月应收电费、新欠电费、陈欠电费等指标的考评工作。

（4）正确使用催费手段和方法，催费同时应及时与客户沟通，确保100%回收电费。

二、普通客户催缴电费通知书

1. 填写内容及要求

对普通欠费客户进行催费时填写客户催缴电费通知书，填写内容如下：

（1）年月：填写催缴电费的年份和月份。

（2）抄表段：客户所在供电部门抄表区段。

（3）户号：指营销信息系统中客户编号。

（4）户名：指欠费客户的名称。

（5）截止日期：指客户欠费截止日期。

（6）通知日期：指通知客户日期。

（7）欠费金额（元）：客户欠费金额。

（8）签收人：接受催缴电费通知书人姓名。

（9）催款电话：供电企业负责催缴电费部门电话。

（10）陈欠电费（元）：客户本月之前欠费金额。

（11）本月电费（元）：客户本月欠费金额。

（12）合计欠费（元）：陈欠电费和本月欠费合计数。

（13）通知人：送达催缴电费通知书人姓名。

（14）供电单位：供电单位名称。

在填写普通客户催缴电费通知书时应注意，签收人必须手工填写本人姓名，其他项由信息系统生成。

2. 催缴电费通知书的发送

对当月欠费未缴的客户，要根据欠费信息制定催费计划，发送催缴电费通知书。

催缴电费通知书必须按填写要求填齐项目内容，送到客户手中，并请客户在催缴电费通知书签收处签字。如确实找不到人，应采用客户愿意接受的方式送达。如放在客户报箱处、张贴在门上、请邻居转交等方式，同时要注意避免丢失。

催缴电费通知书要按规定时间填写、发放。

3. 业务流程

普通客户催缴电费流程如图7-1-1所示。

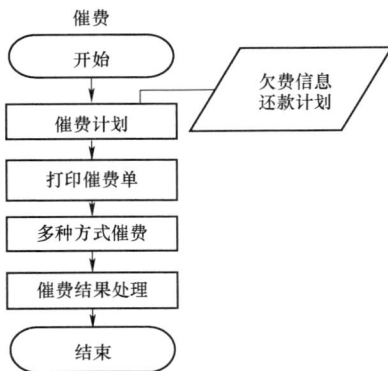

图 7-1-1 普通客户催缴电费流程图

催费后，要记录催费结果。对于确有困难无法一次还清欠费的，应同客户签订还款计划，对还款计划进行记录和归档，并监督是否按计划执行。

三、普通客户欠费停（限）电通知书

1. 填写内容及要求

（1）客户名称：指欠费客户名称。

（2）停（限）电类别：停（限）电原因。

（3）填写时间：填写欠费停（限）电通知时间。

（4）处理单号：停（限）电处理单编号。

（5）通知书编号：通知书顺序号。

（6）欠费起始时间：客户欠费开始月份和截止月份。

（7）停（限）电时间：计划对客户进行停（限）电的时间。

（8）欠费金额：当年欠费和旧欠电费及违约金合计数。

（9）当年欠费：当年欠费金额。

（10）陈欠电费：上年底以前欠费金额。

（11）客户签收人：签收停（限）电通知书人姓名。

（12）承办送达人：送达停（限）电通知书人姓名。

（13）留置送达见证人：见证停（限）电通知书留置送达人姓名。

（14）送达签收地点：停（限）电通知书送达签收地点。

（15）送达签收时间：停（限）电通知书送达签收时间。

在填写普通客户欠费停（限）电通知书时应注意，客户签收人、承办送达人、留置送达见证人、送达签收地点、送达签收时间等，必须手工填写，其他项由信息系统生成。

2. 欠费停（限）电通知书的申报

对普通欠费客户，经多次催缴仍未结清电费的，由催收人或营销（所）班长提出欠费停（限）电申请，注明停（限）电的原因、时间及欠费客户停（限）电的范围。向上级部门进行申报，批准后方可向客户下达欠费停（限）电通知书。

3. 欠费停（限）电通知书的审批

各类客户按责任权限进行审批。（批准权限和程序由省电网经营企业制定）

4. 欠费停（限）电通知书的发送

根据批准后的停（限）电申请，制定欠费停（限）电计划，生成欠费停（限）电通知书，加盖公章后，由催收人提前7天将停（限）电通知书送达客户。停（限）电通知书的送达主要有三种方式：直接送达、留置送达、公证送达。

（1）直接送达：将停（限）电通知书直接送交给客户的方式。

客户是居民的，应当是客户本人签收。如果客户本人不在，交由客户的同住成年家属签收；客户是法人或者其他组织的，应当由法人的法定代表人、其他组织的主要负责人或者该法人、组织负责收件的人签收。在签收时请签收人在停（限）电通知书的签收人、签收地点、签收时间处签字。停（限）电通知书如果不是客户本人签收，应当注意的是其他人员签收不能等同于客户签收，其中可能涉及举证责任，因此必须对签收人的身份和在停（限）电通知书上的签名进行审核。审核时要注意两个方面：一是签名人的身份。如果是居民客户应当是与客户同住的成年家属；如果是法人或其他组织的，应当是该法人、组织负责收件的人。二是签名人在通知书上所签的姓名应与其本人身份证姓名相符。

（2）留置送达：客户拒绝签收停（限）电通知书时，把所送达的停（限）电通知书留放在客户处的送达方式。

采取留置送达的方式发送停（限）电通知书时，必须要有见证人。供电部门应邀请第三人如当地派出所、司法部门、社区、居（村）委会等部门人员，对停（限）电通知书进行留置送达见证，并请见证人在留置送达见证人处签字，将欠费停（限）电通知书留放在客户处。

（3）公证送达：当客户拒绝签收停（限）电通知书时，由公证机构证明供电部门将停（限）电通知书送达于客户的一种送达方式。

当送达停（限）电通知书客户无故拒绝签收时，供电部门即可申请公证机构派员现场监督，记录有关情况。从供电部门送达通知书开始至送达到客户的用电地址，公证员参与其中，对送达全过程实施法律监督。当客户拒绝签收或无人时，由公证员制作现场笔录，证明客户拒收的事实或现场情况，而后将停（限）电通知书留置客户处，并出具送达公证书。供电部门拿到送达公证书，就达到了停（限）电通知书送达的目的。

四、各类通知书参考模板

1. 普通客户催缴电费通知书（见表7-1-1）

表7-1-1　　　　　　　　　催　缴　电　费　通　知　书

客户编号	0101001002	户名	镁砂厂
抄表段	0101001	地址	开发区和平路49号

陈欠电费（元）	本月电费（元）	合计欠费（元）
321 079.00	529 896.12	850 975.12

注　你户上述欠费至今尚未付清（若因本通知单送达时间与银行发送信息时间差的原因而通知错误时，谨请谅解），请务必于2013年5月30日前到开发区供电局缴清电费及违约金，否则按《电力法》和国家有关规定对你户暂停用电时会给您造成诸多不便。
　　特此通知，谢谢合作。

2. 普通客户欠费停（限）电通知书（见表7-1-2）

表7-1-2 停（限）电通知书

停（限）电类别	欠费	填写时间	2009年6月23日
处理单号	50082	通知书编号	500856

客户名称：镁砂厂

贵户自2012年12月起至2013年5月止，共欠电费850 975.12元。其中：当年欠费529 896.12元，陈欠电费321 079.00元。虽经多次催收，但仍未履行双方签订的协议，根据《电力法》以及《电力供应与使用条例》第三十九条的规定，并按程序批准将对贵单位从2013年6月30日9时起对线路（或设施）实行限电（或停电）。

鉴此，我们非常抱歉地通知贵客户，请你们提前作好生产、生活用电安排，并承担由此所带来的一切不良影响。

特此通知。

客户签收人：刘德利	承办送达人：林伟（盖章）

留置送达见证人：张忠　　签收地点：镁砂厂厂长办　　送达签收时间：2013年6月23日9时。

注 本通知书一式二份，供电企业与用电客户各一份。

五、普通客户欠费停（限）电操作程序及注意事项

1. 相关规定及操作程序

规范停（限）电操作程序，掌握停（限）电操作中的注意事项，是供电企业防范经营风险，减少或避免法律纠纷的重要环节。对客户停（限）电必须严格按照相关法律法规的规定执行。

（1）按《电力供应与使用条例》第三十九条规定："逾期未交付电费的，供电企业可以从逾期之日起，每日按照电费总额的千分之一至千分之三加收违约金，具体比例由供用电双方在供用电合同中约定；自逾期之日起计算超过30日，经催交仍未交付电费的，供电企业可以按照国家规定的程序停止供电。"

（2）《供电营业规则》第六十七条规定：除因故中止供电外，供电企业需对用户停止供电时，应按下列程序办理停电手续：

1）应将停电的用户、原因、时间报本单位负责人批准。批准权限和程序由省电网经营企业制定；

2）在停电前三至七天内，将停电通知书送达用户。对重要用户的停电，应将停电通知书报送同级电力管理部门；

3）在停电前30min，将停电时间再通知用户一次，方可在通知规定时间实施停电。

（3）《供电营业规则》第六十九条规定："引起停电或限电的原因消除后，供电企业应在三日内恢复供电。不能在三日内恢复供电的，供电企业应向用户说明原因。"

（4）严格按照停（限）电通知书上确定的时间实施停电操作。

（5）停电客户仍未交清电费但申请恢复送电的，经审批同意后实施复电。

2. 业务流程

普通客户停（限）电操作流程，如图 7-1-2 所示。

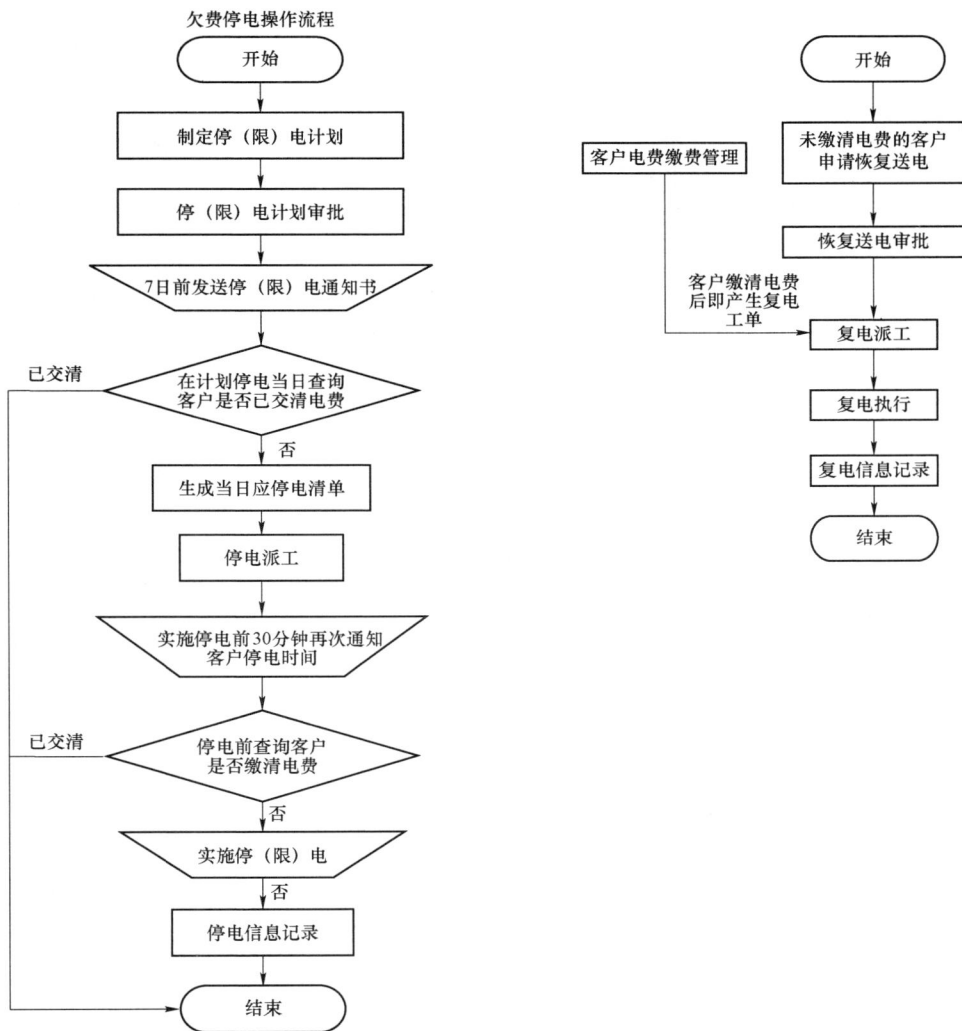

图 7-1-2　普通客户停（限）电操作流程图

3. 注意事项及危险点控制

对需要采用停（限）电的欠费客户首先要制定停（限）电计划，并按分级审批的原则报相关部门审批；将需要由生产部门、用电检查、负荷管理系统实施停电的客户清单发送给本单位生产系统、用电检查、电能量采集系统。

"停（限）电通知书"在送达客户时要履行签收手续，客户拒绝签收的应采用"公证"等措施，防范法律风险；在实施停（限）电操作前再次通知客户时要做好电话录音，记录通知信息，包括通知人、通知时间、接收通知人员、通知方式等。

对安装负荷管理终端客户，停电前应确认负荷管理系统处于正常状态。对其他客户停电前应确认是否已缴清电费，已缴清电费的应及时终止停电。防范擅自停电行为和停电可能出现的不良后果。停电客户交清电费后，要按规定及时复电。对停电客户仍未交清电费申请恢复送电的，审批同意后复电。

六、防止普通客户拖欠电费的方法

对于居民、非居民普通客户可采用预付费电能表，即先缴费后用电的办法。对生产经营性企业的用电，在办理申请时必须提供支付电费的担保或抵押等。各供电公司可依据本供电区域的客户特点制定符合国家法律要求的办法，也可采用先进的计量和管理手段来防止客户欠费。

【思考与练习】

1. 对需要采取停（限）电的欠费客户，什么时间向客户送达停（限）电通知书？
2. 客户拒绝签收停（限）电通知书，应该如何处理？
3. 停（限）电通知书的送达方式有几种？
4. 引起停电或限电的原因消除后，供电企业应在多长时间内恢复供电？
5. 对需要采用停（限）电措施的欠费客户应按什么程序办理停（限）电手续？

◢ 模块 2　大工业客户拖欠电费情况处理方法与相关规定（Z35F3002Ⅲ）

【模块描述】本模块包括大工业重要客户、高危客户欠费管理、处理欠费的方法、电费拖欠的危害、正确催缴电费、停止供电的手续和程序、催费过程中法律手段等内容。通过概念描述、条文解释、流程介绍、框图示意、要点归纳，掌握处理欠费的办法。

【模块内容】

一、欠费管理

《中华人民共和国电力法》等一系列规范电力管理的法律、法规、政策的相继出台，电力企业的电费管理逐步走向规范化、法制化管理。为了加强电费回收管理，依法维护供电企业利益，做好重要客户、高危客户精细化管理是电费管理工作的关键，是提高电费回收率、及时回收电费的基本保障。欠费客户的管理应做好以下几个方面的工作：

（1）建立欠费客户档案，实现电费风险客户"一户一挡"。利用电力营销技术支持系统对欠费客户建立专门的档案，档案包括客户名称、地址、经济类型、税务登记证号、电脑编码、社保编码、开户银行及账号、法人代表和经办人员的姓名、联系电话等基本情况；正确确定欠费类型以及各类型、各费种欠费数额、欠费总额、欠费所属时间、清欠费额等。当欠费情况发生变化时，应当及时做好补充、修改、转移等维护工作。

（2）对欠费客户实行动态管理。电费结算中心应当根据欠费类型，分门别类制定管理措施，并实行动态管理。

（3）加强欠费审核。欠费人变成无缴费能力的欠费人时，应当及时收集企业关闭、清算的文件或公告或稽查部门对失踪、无法联系的欠费人稽查材料及欠费所属期的缴费申报表、查补费款处理决定书、欠费数额等。

（4）重点欠费客户监控。认真分析欠费客户的欠费特点、欠费总量、欠费结构、行业分布及清欠难度，在此基础上确定重点欠费客户名单，将其纳入重点监控数据库，加强日常监管和动态跟踪监控，并采取切实有效的措施进行清缴。

二、重要客户和高危企业催缴电费通知书

1. 填写内容及要求

对重要客户和高危企业欠费进行催费时填写重要客户和高危企业催缴电费通知书，填写内容如下：

（1）年月：填写催缴电费的年份和月份。

（2）抄表段：客户所在供电部门抄表区段。

（3）户号：指营销技术支持系统中客户编号。

（4）户名：指欠费客户的名称。

（5）截止日期：指客户欠费截止日期。

（6）通知日期：指通知客户日期。

（7）欠费金额（元）：客户欠费金额。

（8）签收人：接受催缴电费通知书人姓名。

（9）催款电话：供电企业负责催缴电费部门电话。

（10）陈欠电费（元）：客户本月之前欠费金额。

（11）本月电费（元）：客户本月欠费金额。

（12）合计欠费（元）：陈欠电费和本月欠费合计数。

（13）通知人：送达催缴电费通知书人姓名。

（14）供电单位：供电单位名称。

在填写重要客户和高危企业催缴电费通知书时应注意，签收人项必须手工填写本人姓名，其他项由系统生成。

2. 催缴电费通知书的发送

重要客户和高危企业催缴电费通知书必须按填写要求填齐项目内容，由催费人员到现场送交给客户。催缴电费通知书必须由客户法定代表人、组织的主要负责人或者是该法人、组织负责收件的人签收。催缴电费通知书必须按规定时间填写、发放。

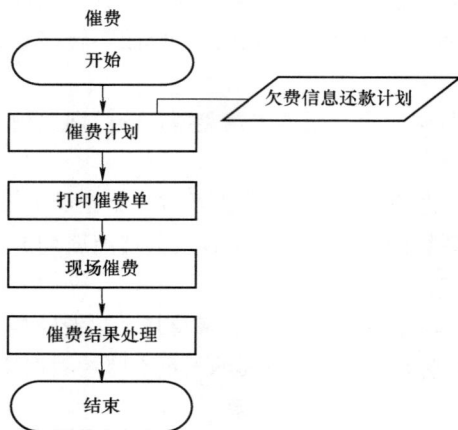

3. 业务流程

重要客户和高危企业催缴电费流程如图 7-2-1 所示。

催费后，要记录催费结果。对于确有困难无法一次还清欠费的重要客户和高危企业，应向主管汇报，经批准后可以同客户签订还款计划，对还款计划进行记录和归档，并监督是否按计划执行。

图 7-2-1　重要客户和高危企业催缴电费流程图

三、重要客户和高危企业欠费停（限）电通知书

1. 填写内容及要求

（1）客户名称：指欠费客户名称。

（2）停（限）电类别：停（限）电原因。

（3）填写时间：填写欠费停（限）电通知时间。

（4）处理单号：停（限）电处理单编号。

（5）通知书编号：通知书顺序号。

（6）欠费起始时间：客户欠费开始月份和截止月份。

（7）停（限）电时间：计划对客户进行停（限）电的时间。

（8）欠费金额：当年欠费和旧欠电费合计数。

（9）当年欠费：当年欠费金额。

（10）旧欠电费：上年底以前欠费金额。

（11）客户签收人：签收停（限）电通知书人姓名。

（12）承办送达人：送达停（限）电通知书人姓名。

（13）留置送达见证人：见证停（限）电通知书留置送达人姓名。

（14）送达签收地点：停（限）电通知书送达签收地点。

（15）送达签收时间：停（限）电通知书送达签收时间。

在填写重要客户和高危企业欠费停（限）电通知书时应注意，客户签收人、承办送达人、留置送达见证人、送达签收地点、送达签收时间等，必须手工填写。其他项由信息系统生成。

2. 欠费停（限）电通知书的申报

（1）对重要客户和高危企业，经多次催缴仍未结清电费的，由催收人提出欠费停（限）电申请，向上级部门进行申报。

（2）对重要客户和高危企业的停（限）电申请，要注明停（限）电的原因、时间及欠费客户停（限）电的范围，同时要对客户用电情况进行简要介绍，对停电后对客户的影响程度进行分析。

（3）在停（限）电申请批准后，方可向客户下达欠费停（限）电通知书。

3. 欠费停（限）电通知书的审批

重要客户和高危企业的停（限）电申请，由营销主管部门提出申请，主管营销负责人进行审核，供电企业负责人批准，同时报送省公司营销部和同级政府电力主管部门备案。在审批重要客户和高危企业的停（限）电申请时，要对客户用电情况进行认真了解，充分估计停（限）电对客户的影响。

4. 欠费停（限）电通知书的发送

（1）根据批准后的停（限）电申请，制定重要客户和高危企业欠费停（限）电计划，生成欠费停（限）电通知书，加盖公章后，由催收人提前7天将停（限）电通知书送达给客户，同时要将停（限）电通知书抄送其主管部门、同级电力管理部门等。

（2）在送达重要客户和高危企业停（限）电通知书时，一般采取直接送达的方式，将停（限）电通知书送达客户和相关部门负责人手中。如果客户拒不签收，供电部门亦采取公证送达的方式发送停（限）电通知书，为供电企业的合法行为保留合法的凭证和依据。

（3）在客户签收停（限）电通知书时，必须要对签收人的身份进行审核。签收人应当是客户法人的法定代表人、组织的主要负责人或者是该法人、组织负责收件的人，签收人在通知书上所签的姓名要与其本人身份证姓名相符。

四、各类通知书参考模板

重要客户和高危企业的催缴电费、欠费停（限）电通知书内容和要求与普通客户相同，具体模板请见表 7-1-1 催缴电费通知书、表 7-1-2 停（限）电通知书。

五、重要客户和高危企业停（限）电操作程序及注意事项

以下内容着重介绍重要客户和高危企业欠费时所采取的停（限）电操作程序及注意事项和危险点控制，欠费结清或符合复电要求，进行复电程序。

1. 相关规定及操作程序

规范重要客户和高危企业停（限）电操作程序，把握对重要客户和高危企业停（限）电的注意事项，是供电企业防范经营风险，减少或避免法律纠纷的重要环节。对重要客户和高危企业停（限）电，必须严格按照相关法律法规的规定执行。

（1）按《电力供应与使用条例》第三十九条规定："逾期未交付电费的，供电企业可以从逾期之日起，每日按照电费总额的千分之一至千分之三加收违约金，具体比例由供用电双方在供用电合同中约定；自逾期之日起计算超过 30 日，经催交仍未交付电费的，供电企业可以按照国家规定的程序停止供电。"

（2）《供电营业规则》第六十七条规定：除因故中止供电外，供电企业需对用户停止供电时，应按下列程序办理停电手续：

1）应将停电的用户、原因、时间报本单位负责人批准。批准权限和程序由省电网经营企业制定；

2）在停电前三至七天内，将停电通知书送达用户，对重要用户的停电，应将停电通知书报送同级电力管理部门；

3）在停电前 30min，将停电时间再通知用户一次，方可在通知规定时间实施停电。

（3）《供电营业规则》第六十九条规定："引起停电或限电的原因消除后，供电企业应在三日内恢复供电。不能在三日内恢复供电的，供电企业应向用户说明原因。"

（4）对重要客户和高危企业停（限）电，在严格执行上述法律法规条款的基础之上，还要注意以下事项：

1）停（限）电前，认真核对停（限）电计划和停（限）电通知书发送记录，确认客户在计划停（限）电时间前 7 天已收到停（限）电通知书；

2）停（限）电前对客户用电情况要认真了解，充分估计停（限）电对客户的影响，督促客户及时调整用电负荷，做好停电准备。对企业的生产用电情况要进行现场检查，掌握现场是否具备停（限）电条件；

3）严格按照停（限）电通知书上确定的时间实施停（限）电工作；

4）在实施停（限）电操作 30min 前将停（限）电时间再次通知客户，详细记录通知信息，并做好电话录音；

5）停（限）电前再次查询客户是否已缴清电费，已缴清电费的应及时终止停电流程；

6）停（限）电前，停电客户仍未交清电费但申请恢复送电的，按停电审批级别申报审批，审批同意后方实施复电；

7）停（限）电计划、停（限）电通知书的送达及签收、停电实施信息和复送电信息必须及时记录。

2. 业务流程

重要客户和高危企业停（限）电操作流程如图 7-2-2 所示。

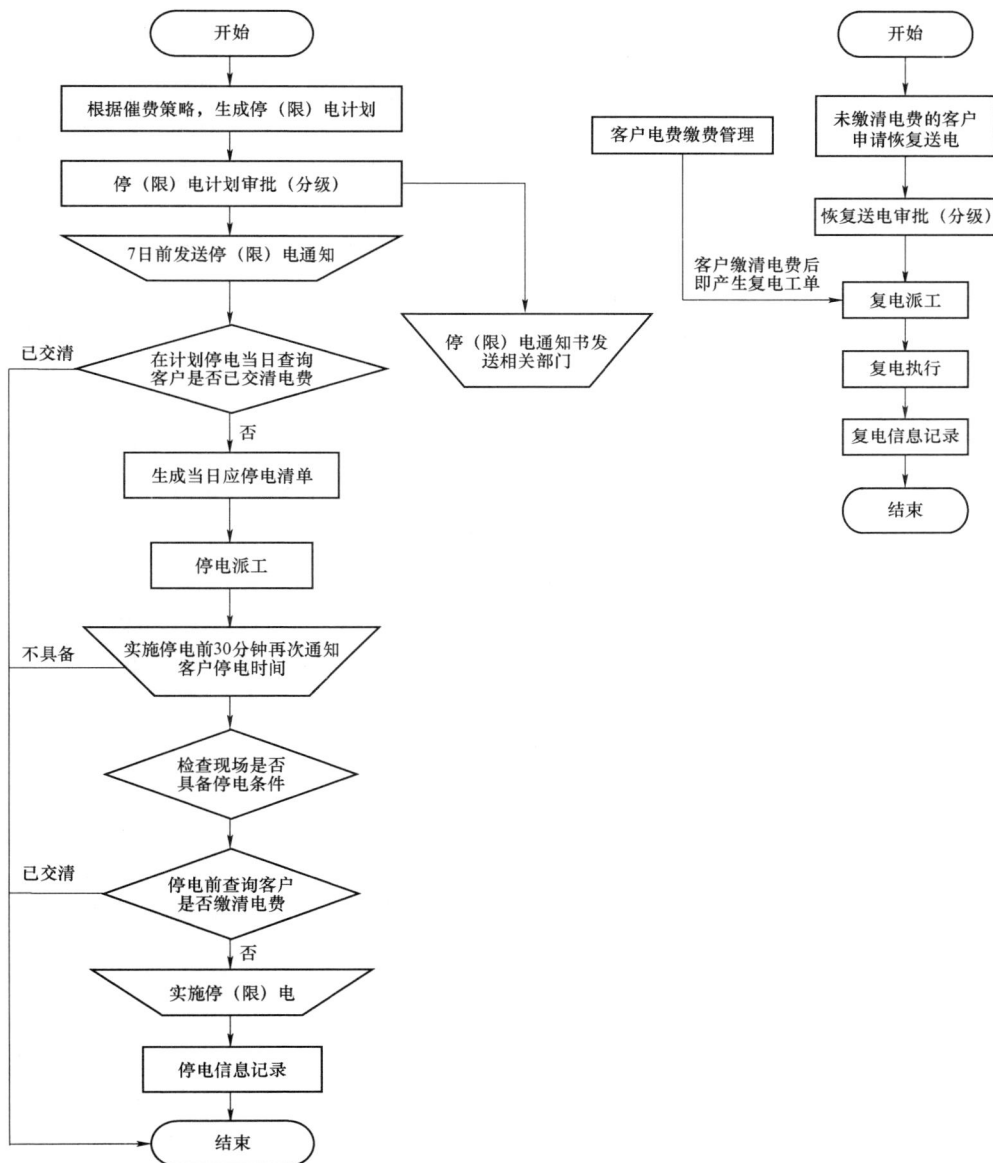

图 7-2-2　重要客户和高危企业停（限）电操作流程图

3．注意事项及危险点控制

（1）对需要采用停（限）电的欠费客户首先要制定停（限）电计划，并按分级审批的原则报相关部门审批；将需要由生产部门、用电检查、负荷管理系统实施停电的客户清单发送给本单位生产系统、用电检查、电能量采集系统。

（2）"停（限）电通知书"在送达客户时要履行签收手续，客户拒绝签收的应采用"公证"等措施，防范法律风险；在实施停（限）电操作前再次通知客户时要做好电话录音，记录通知信息，包括通知人、通知时间、接收通知人员、通知方式等。

（3）停电前检查现场。现场检查人员向相关职能部门人员发出是否能够实施停电操作的通知。现场不具备停（限）电条件的要暂时终止停电操作。防范停（限）电造成人身伤亡和环境污染等安全事故的风险。

（4）实施停（限）电要严格依法执行，严谨操作，对有重要负荷的客户不能停（限）保安电源，同时上报有关部门备案，对实施停（限）电后的事态给予关注。法律是维护企业权利的根本保证，一定要做到周密严谨，不留后患。

（5）对有重要负荷性质、停电后可能引起人身伤亡、发生重大设备事故和政治影响的重要客户，在停（限）电前，应对客户的用电安全进行检查，在通知书规定的时间前 15min 发出警告，停（限）电时间到达时，发出正式停电指令，正式指令发出 15min 后执行具体操作，以便客户做好准备。

（6）停电前应确认客户是否已缴清电费，已缴清电费的应及时终止停电。防范擅自停电行为可能出现的不良后果。停电客户缴清电费后，要按规定及时复电。

（7）对停电客户仍未缴清电费申请恢复送电的，审批同意后复电。

六、供电企业电费催收的相关法律知识

对欠缴电费的用电客户，停电并不意味着一定会缴费，更何况实际上，各地还往往存在着许多不能停止供电的欠费客户，在我国各种法律法规不断健全、完善的今天，充分利用法律武器保护供电企业自身的利益，是供电企业在市场经济环境下开展经营活动的迫切需要。在当前形势下，采取系列行之有效的措施，对于解决电费回收难、降低供电企业的经营风险是非常必要的，也是保障电费债权的一种有效途径，具有很重要的现实意义。重点介绍以下几种方式：不安抗辩权、代位权、担保、抵销权、支付令、公正送达、依法起诉和申请仲裁。

（一）不安抗辩权

1．含义

不安抗辩权，亦称"保证履行抗辩权"，是指按照合同约定或者依照法律规定应当先履行债务的一方当事人，如发现对方的财产状况明显恶化，债务履行能力明显降低等情况，以致可能危及债权的实现时，可主张要求对方提供充分的担保，在对方未提供担保也未对待给付之前，有权拒绝履行。

2. 不安抗辩权的适用特征

（1）不安抗辩权适用于异时履行的双务合同中。双方当事人在同一合同中互负债务，存在先后履行债务的问题。不安抗辩权的行使不适用于单务合同，不适用于同时履行的合同。不安抗辩权是先履行一方行使的权利，着重于保护履行义务在前一方的利益。

（2）后履行债务的一方当事人的债务未届履行期限。不能对待给付仅仅是一种可能性而不是一种现实，不必到对方已经支付不能时才允许行使不安抗辩权。后履行一方的不能对待给付，并非履行期届满时的现实违约，它所直接侵害的权利是先履行一方的债权期待。如果这种侵害期待债权的行为不加以调整纠正，持续到履行期届满，便成为现实违约。

（3）后履行债务的一方当事人履行能力明显降低，有不能履行债务的危险。这里指经营状况严重恶化、转移资产、抽逃资金以逃避债务，严重丧失商品信誉或有其他丧失或者可能丧失履行债务能力情形。这是先履行一方"不安"的原因所在，也是不安抗辩权产生的基础。

（4）后履行义务的一方未提供适当担保。如果后履行义务的一方当事人提供了适当的担保，则先履行义务的一方当事人的债权将受到保障，不会受到损害，所以合同将继续得以履行，不能行使不安抗辩权。

（二）代位权

1. 含义

因债务人怠于行使其到期债权，对债权人造成损害的，债权人可以向人民法院请求以自己的名义代位行使债务人的债权，但该债权专属于债务人自身的除外。

2. 代位权在电费债权中发生的条件

（1）根据供用电合同的约定，用电人已迟延给付电费。

（2）用电人对第三人享有债权，倘若用电人没有对外债权，也就无所谓用电人的代位权。需注意用电人对第三人享有的债权，不得专属于债务人自身，例如财产继承权、抚养费请求权、离婚时的财产请求权、人身伤害的损害赔偿请求权等。

（3）用电人有怠于行使其债权的行为，包括作为和不作为。例如债务人应当收取第三人对其的债务，且能够收取，而不去收取。如果用电人行使了其权利，即使不尽如人意，供电人也不能行使代位权，但这种情况下有行使撤销权的可能。

（4）用电人怠于行使自己债权的行为，已经对电费的给付造成损害。损害指用电人因怠于行使自己对第三人的权利，致使无力清偿电费，因而使电费的给付有不能实现的危险。

代位权是一种法定权能，无论供电人和用电人是否有约定，只要构成以上四个要件，供电人均可行使该权利。

3. 行使代位权应注意的问题

供电人行使代位权，应以自己的名义行使，并不须征得用电人的同意。代位权的行使，也可以使供电人的债权得到一定程度的保护。需注意的是供电人在行使代位权时，必须向人民法院作出请求，而不能直接向第三人行使。代位权的行使范围以用电人所欠电费为限。

【例 7-2-1】 某玻璃厂欠某市供电公司电费 150 万元，属陈欠电费；某玻璃经销公司拖欠该玻璃厂货款 300 万元，已逾期达 1 年半，玻璃厂多次催讨未果。现供电公司得知玻璃经销公司刚刚收回一笔 200 万元的货款，而玻璃厂催讨仍旧没有结果，就打算转而向玻璃经销公司讨债。是否可行？供电公司应该如何具体操作？

案例分析：这就是《合同法》规定的代位权制度。根据有关司法解释，只要债务人不以诉讼方式或仲裁方式向次债务人主张其债权而影响其偿还债权人的债权，都视为"怠于行使其债权"。供电公司可以根据代位权的规定，以自己的名义起诉玻璃经销公司行使玻璃厂货款债权，取得债权后再向玻璃厂行使电费债权。

（三）电费担保在供用电合同中的约定及担保设置

1. 供用电合同中担保条款的约定

供用电合同关系属民事法律关系范畴，供电企业要充分利用法律法规保护自身合法权益，在具备法定条件时，依法要求客户提供电费担保。供电方应与用电方签订《供用电合同》和《电费保证合同》，或在《供用电合同》中设立保证条款，依法明确供用电双方权利和义务关系，减少不必要用电纠纷的发生。这既有《合同法》《担保法》支持，能有效降低电力销售风险，又缩短了电力贸易结算周期，减小供电方占有用电方担保资金总量，宜于取得社会的支持和客户的理解，障碍较少。我国《担保法》对担保方式作出了具体明确的规定，即保证、抵押、质押、留置和定金五种方式。结合供用电合同的特点，在电费回收管理中可选择的担保方式有保证、抵押、质押三种。担保问题可在补充条款中予以约定，如果客户发生拖欠电费事宜，应在补缴电费、恢复供电前，向供电企业提供适当担保。不提供担保或采取其他措施的，不予恢复供电。

2.《担保法》及电费担保合同的内容

（1）保证

1）保证的概念：保证是指保证人和债权人约定，当债务人不履行债务时，保证人按照约定履行债务或者承担责任的行为。

2）电费担保合同中适用保证担保的内容及注意事项：严格审查保证人资格，避免由于保证人资格不合法而导致保证合同无效。

选择恰当的保证方式。结合供用电合同的特点，最好采用"连带责任保证"且为"最高额保证"。最高额保证所担保的债务，最好限定在一年内该供用电合同所产生的债务。也可采取供电人与保证人就一定期间（一般为一个月）内连续发生的电费单独订立保证合同，当用电人欠费时，保证人按照保证合同的约定履行缴费义务。

一定要签订书面保证合同。保证合同可以是与保证人签订的正式合同书，也可以是体现保证性质的信函、传真、签章、供用电合同中的担保条款及保证人单方出具的担保书。

要约定好保证期间。未约定或约定不明时，要依法确定保证期间，并注意及时行使权利。《最高人民法院关于适用〈中华人民共和国担保法〉若干问题的解释》（以下简称《解释》）第三十二条第二款规定：保证合同约定保证人承担保证责任期间直至主债务本息还清时为止等类似内容的，视为约定不明。保证期间为主债务履行期届满之日起两年。

要注意保证合同的诉讼时效期间。根据《解释》第三十四条之规定：保证合同的诉讼时效期间为两年；一般保证的债权人在保证期间届满前对债务人提起诉讼或申请仲裁的，从判决或仲裁裁决生效之日起，开始计算保证合同的诉讼时效；连带责任保证的债权人在保证期间届满前要求保证人承担保证责任的，从债权人要求保证人承担保证责任之日起开始计算保证合同的诉讼时效。

（2）抵押

1）抵押的概念：抵押是指债务人或者第三人向债权人以不转移占有的方式提供一定的财产作为抵押物，用以担保债务履行的担保方式。债务人不履行债务时，债权人有权依照法律规定以抵押物折价或者从变卖抵押物的价款中优先受偿。其中的债务人或者第三人是抵押人，债权人是抵押权人，提供担保的财产是抵押物。

2）电费担保合同中适用抵押担保的内容及注意事项：只有规定允许抵押的财产或财产权利方可作为抵押物，要防止因抵押物选择不当而导致抵押合同无效的情况发生；抵押物的价值应经过科学评估，其价值应大于抵押担保期间所可能发生的最大电费额；抵押物应具有便于受偿性，当发生欠费时，易于拍卖或变卖；调查了解抵押物是否有重复抵押的情况，确保抵押权能够实现。

恰当选择具体抵押方式。结合供用电合同的特点，最好采用最高额抵押。最高额抵押所担保的债权额度，宜确定为略高于客户一年期间内可能发生的电费数额。

严格依法订立完善的书面抵押合同，及时办理抵押物登记手续。

（3）质押

1）质押的概念：质押是指债务人或者第三人将其动产或权利移交债权人占有，用以担保债权履行的担保。质押后，当债务人不能履行债务时，债权人依法有权就该动产或权利优先得到清偿。其中，将其动产或权利移交债权人占有的债务人或第三人叫做出质人，该动产或权利叫作质物，占有质物并享有优先受偿权的债权人叫作质权人。质押包括动产质押与权利质押。

2）电费担保合同中适用质押担保的内容及注意事项：要合理选择质物：一是在动产质押场合，应选择那些没有瑕疵、价值较稳定、不易损坏的质物。根据《解释》第九十条之规定，质权人在质物移交时明知质物有瑕疵而予以接受造成质权人其他财产损害的，由质权人自己承担责任。二是质物有损坏或价值明显减少的，可能足以危害质权人权利的，应要求出质人提供相应担保。

质物应按约定时间交付供电企业占有，否则，质押合同不能按约定时间生效。

供电企业应履行对质物的妥善保管义务。否则，因此给出质人造成损失的，应承担民事责任。

避免流质的约定，即不能在质押合同中约定，当客户未按时交纳电费时，质物所有权即转归供电企业。否则，该约定本身无效。

应依法签订完善的书面质押合同。

质押担保的电费债权额度宜确定为客户在二或三个月期间内所可能发生的电费额。

实行质押担保的对象应选择欠费风险较大、信用度较差、经济效益较差的客户。

供电企业应与实行权利质押担保的客户、银行签订三方协议，就权利凭证的保管、挂失、兑现达成一致意见。

（四）抵销权

1. 含义

抵销权包括法定抵销权和约定抵销权。所谓法定抵销权，根据《合同法》第99条规定："当事人互负到期债务，该债务的标的物种类、品质相同的，任何一方可以将自己的债务与对方的债务抵销，但依照法律规定或者合同性质不得抵销的除外"。所谓约定抵销权，根据《合同法》第100条规定："当事人互负债务，标的物的种类、品质不同，经双方协商一致，也可以抵销"。

两种抵销权的区别：

（1）当事人互负债务是否到期。法定抵销权要求债务均已到期，而约定抵销权则不加限制。

（2）债务的标的物的种类、品质是否相同。法定抵销权要求相同，而约定抵销权则不要求。

（3）是基于法律规定而享有，还是基于双方协商一致而享有。法定抵销权基于法律规定而享有，无须经过双方协商；而约定抵销权是基于双方的协商一致而享有。

2. 抵销权在电费清欠中的应用

（1）法定抵销权的应用

当供电企业对客户负有到期债务的，如果客户不按时交付电费，两种债务的标的物种类、品质相同的，供电企业可以不与客户协商，而直接通知客户抵销相当的债务。

（2）约定抵销权的应用

当供电企业对客户所负债务的标的物的种类、品质与电费欠债不同时，经双方协商一致，也可抵销。实践中常常采取的"煤电互抵"、"物电互抵"等，就是约定抵销权的运用。

在通常情况下，供电人不仅只从事一种营业活动，同时还可能通过其他经济活动，与用电人发生往来，这就为抵销提供了前提条件。另一方面，作为供电人，也应积极地创造抵销条件。

3. 运用抵销权应注意的问题

供电企业在清欠难度较大时，要多渠道、全方位创造条件，适用法定抵销权或约定抵销权。对于法定抵销权，供电企业只须通知欠费客户即可；自通知到达该客户时，双方债务即告抵销；法定抵销不得附条件或附期限。否则，不产生抵销债务的效力。对于约定抵销，应注意科学地选择标的物，尽量选择那些价值较稳定、易于变现、不易毁损或可为我所用的标的物，并科学地评估其价值。

还应注意，依照法律规定或按照合同性质不得抵销的，不得运用法定抵销权。

【例7-2-2】某电缆厂拖欠电费一年共230万元，因其亏损严重，催讨困难；而供电公司物资经销公司拖欠该电缆厂电缆款300万元，且到期未支付。供电公司将这230万元电费债权以225.4万元的现金价值转让给物资经销公司，并通知了该电缆厂。物资经销公司随后便通知电缆厂抵销双方各自债务230万元。这样，供电公司的电费债权基本上得到了实现。

案例分析：这就是《合同法》规定的抵销权制度的应用，案例说明不仅债务的标的物种类、品质相同的可以抵销，而且客户所负债务的标的物的种类、品质与电费欠债不同，也可抵销。使难度较大的电费债权通过抵销方式实现。

（五）支付令

1. 含义

支付令是根据《民事诉讼法》第189条规定的民事诉讼中的督促程序。所谓督促程序，是指法院根据债权人的给付金钱和有价证券的申请，以支付令的形式催促债务人限期履行义务的程序。督促程序依债权人申请支付令的提出而开始。

2. 在电费债权中申请支付令的条件

债权人向法院申请支付令，必须符合下列条件：

（1）必须是请求给付金钱或汇票、支票以及股票、债券、可转让的存单等有价证券的。

（2）请求给付的金钱或有价证券已到期且数额确定，并写明了请求所根据的事实、证据的。

（3）债权人与债务人没有其他债务纠纷的，即债权人没有对待给付的义务。

（4）支付令能够送达债务人的。

由此可见，如果用电人对欠费的事实无异议，并且有固定住所，可以送达支付令的，供电人可以采取这种措施保护自己的债权。支付令是一种诉前程序，简便易行，在时间上、费用上具有很大的优越性。目前，在电费清欠中，已为供电企业大量采用，欠费客户在收到支付令后，基本上主动偿还欠费。

3. 申请支付令应注意的问题

供电企业清偿电费支付令的申请，应向欠费客户住所地基层法院提出。法院在受理供电企业的申请后，15 日内向欠费客户发出支付令；欠费客户应在收到支付令后 15 日内清偿债务或向法院提出书面异议。如果其对债权债务关系没有异议，但对清偿能力、清偿期限、清偿方式等提出不同意见的或未在法定期间提出书面异议，而向其他法院起诉的，不影响支付令的效力。

欠费客户在法定期间内既不提出书面异议，又不清偿债务的，供电企业应及时向法院申请强制执行。其中，欠费客户是法人或其他组织的，申请执行的期限为六个月；除此以外，申请执行的期限为一年。

对于数额较大的欠费，法院可能会出于经济原因而不愿发出支付令，需要供电人与法院进行充分的沟通和协商。

【例 7-2-3】某制糖厂，2012 年 3 月至 5 月共拖欠市供电公司电费 130 万元；经多次催缴，反复做工作，收效甚微。由于双方没有其他债务纠纷，市供电公司于 2013 年 6 月向有管辖权的人民法院申请支付令，支付令下达后，制糖厂先交了 50 万元，尚欠 80 万元，对剩余部分制定了还款协议，计划到 2013 年 8 月底交清。到期后，该厂还清了全部所欠电费。

案例分析：本案如果走普通的诉讼程序不仅时间长而且诉讼费按争议的价额或金额的比例交纳，而采取支付令的形式只交纳 100 元，二者的区别是显而易见的。由此可见，通过督促程序催收客户陈欠电费是一个简便易行的办法。

（六）公证送达

1. 含义

所谓公证送达，即行政相对人拒收行政执法文书时，现场由公证机构的公证人员记录有关情况，证明行政执法机关送达行政执法文书时行政相对人拒收的事实，从而最终达到行政机关执法文书送达的效果。

2. 公证送达的文书种类

公证文书是对公证人依法行使公证权所出具的各类法律文书以及公证活动中形成的其他有法律意义的文件的总称。各类法律文书如公证书、现场公证词等，其他有法律意义的文件如公证人制作的谈话笔录、核查笔录等。

3. 公证送达应注意的问题

有关文书必须依法制作，内容要完备，形式要规范。送达的各环节，从文书制作、送达过程到送达完毕，均应有公证人员参与，体现在公证书上应形成严密的证据链条，不可脱节。

【例 7—2—4】2011 年某工贸公司拖欠该市供电公司电费及违约金 25 万元，经多次催缴，以种种理由拖延缴纳，而且拒不在《停（限）电通知书》上签字接收，致使无法按法定程序实施欠费停电。供电公司采取了公证送达方式，对《停（限）电通知书》送达的全过程作了现场公证。面对严格按照法律程序办事的该局工作人员，工贸公司负责人不得不在《停（限）电通知书》送达回执上签了字，并在《停（限）电通知书》规定的最后期限内，交清了所欠电费及违约金。

案例分析：在电费清欠工作中，经常会遇到一些欠费客户拒收《催缴电费通知书》、《停（限）电通知书》，而电力法律、法规中无留置送达的规定，影响清欠工作的顺利进行。在这种情况下，供电企业可以采取公证送达的方式。公证送达可以有效地保全送达行为，更好地保全所要送达文件的内容和过程，是最直接、最有效的证据，将对供电企业维权起到积极的作用。

（七）依法起诉和申请仲裁

1. 含义

起诉是指公民、法人或者其他组织因自己的民事权益受到分割或者发生争议，而向人民法院提出诉讼请求，要求人民法院行使国家审判权予以保护的诉讼行为。

仲裁指争议双方在争议发生前或争议发生后达成协议，自愿将争议交给第三者作出裁决，双方有义务执行的一种解决争议的方法。

2. 起诉欠费客户应注意的问题

（1）证据收集。起诉之前，供电企业应首先收集好证据：

1）供用电合同文本及有关附件；

2）签约过程中履行提请注意和答复说明义务的证据；

3）电能计量、抄表资料和欠费凭据及情况说明；

4）催缴欠费通知书；

5）停（限）电通知书及执行停电措施记录；

6）其他有关证据。

上述证据，均应收集原件，并妥善保管。

（2）法院的选择。双方事先在合同中约定了管辖法院的，应到该法院起诉；若无事先约定，应由欠费客户住所地或供用电合同履行地法院管辖。

（3）申请财产保全措施，申请诉前财产保全和诉讼财产保全。

（4）在程序上要保证所提请求没有超过诉讼时效。

（5）把握法院调解的时机。根据具体情况可以做出适当让步，与欠费客户达成和解协议，以便欠费问题在合作的基础上能较为顺利地解决。

（6）欠费客户拒不履行生效判决的，应及时向有管辖权的法院申请强制执行。

3. 申请仲裁应注意的问题

（1）签订仲裁协议

必须由双方协商一致，签订仲裁协议，在仲裁协议中要选定仲裁委员会、约定仲裁事项、请求仲裁的意思表示。对仲裁事项或仲裁委员会没有约定或约定不明确的，可以协议补充；达不成补充协议的，仲裁协议无效。

（2）证据的收集

要熟悉该仲裁委员会的仲裁规则，与对方约定仲裁庭的组成方式，恰当选择应由自己选定的仲裁员，并与对方确定好首席仲裁员。

（3）在程序上要保证所提请求没有超过仲裁时效。

【例7-2-5】某市轧钢厂 2012 年由于经营不善，造成倒闭，所欠电费无力支付。市供电公司为防止欠费资金进一步扩大，设立专门催收小组对其多次上门催缴，该厂一直以种种理由一拖再拖，催收小组为了保障该笔欠费的诉讼时效性，每次催收的同时都留有"痕迹"，为后面成功依法维权提供了宝贵的法律依据。2013 年初，市供电公司依法对该厂予以起诉，并采取财产保全措施（查封了该厂三台变压器）。市人民法院受理此案，于 2013 年 3 月 10 日判决市供电公司胜诉。人民法院依法将轧钢厂 2012 年所欠电费 205 649.52 元（含违约金），成功打入市供电公司电费账户。

案例分析：本案利用法律手段成功回收陈欠电费，不仅避免了电费资金的流失，还在很大程度上给恶意欠费户形成了威慑。对一些欠费时间较长，诉讼时效期限将满或态度消极的欠费客户，要求欠费者在通知书的回执上签收，以此作为将来主张诉讼时效中断的有力证据。如对方不愿签字确定，也可采用无利害关系的第三人在场的方式给予证明。对恶意或长期拖欠户要在第一时间予以起诉，保障电费回收工作良性发展。

【思考与练习】

1. 对欠费客户实施停（限）电有哪些法律依据？

2. 重要客户、高危企业停（限）电注意事项及危险点控制有哪些？

3. 停电客户未缴清电费申请恢复送电应如何处理？

4. 供电企业行使代位权应注意哪些问题？

5. 公证送达应注意哪些问题？

6. 申请仲裁应注意哪些问题？

第八章

电费发票管理

▲ 电费发票管理工作（Z35F4001Ⅰ）

【模块描述】本模块包括电费发票、开票要求、购领使用、保管、销毁标准和要求，通过概念描述、流程介绍、要点归纳，熟知电费发票管理工作。

【模块内容】

一、电费发票

发票是指在购销商品、提供服务及从事其他经营活动中，开具、收取的收付款凭证。根据目前实际，现在电力企业使用的发票主要有增值税普通发票和增值税专用发票。

增值税普通发票（高、低压）适用于供电企业供电范围内的一般电力客户。增值税专用发票只限于一般纳税人使用，增值税小规模纳税人和非增值税纳税人不得使用。

二、增值税普通发票开具要求和内容及注意事项

1. 增值税普通发票的开具

（1）在发生经营业务确认营业收入时开具发票，未发生经营业务一律不准开具发票。

（2）在开具发票时，应按号码顺序填开。

（3）在开具发票时，对于发票上所示的项目要全面、完整、准确、真实，各项目内容填写齐全、内容正确无误。

（4）客户名称（单位或个人）应该填写全称，不能任意简化或更改。

（5）全部联次一次开具上下联内容，金额税额一致。

（6）在开具发票时，字迹要清晰、不得涂改发票。

（7）发票不得虚开、代开，如果虚开、代开，当事人必须承担一切后果。

（8）任何单位和个人不得转借、转让、代开发票；未经税务机关批准，不得拆开整本发票使用；不得自行扩大专业发票使用范围。

（9）对规定的"机开发票"严禁使用手工填写。

2. 普通发票开具的注意事项

（1）凡不属于电力产品收入的科目，不得使用电费发票开具或列入电费发票内代开。电力产品收入包含电费收入、重大水利、农网还贷资金、水库移民资金、城市公用事业附加等。

（2）电费普通发票由各使用单位或班组（供电企业所属）在用电客户缴清款项时向用电客户开具。

（3）电费普通发票一般由系统读取数据自动生成，应按不同的用电客户类型，分别开具高压电费普通发票和低压电费普通发票。

（4）收费员开具发票时，应当按照规定的时限、顺序、逐栏、全部联次一次性如实开具，均应加盖"发票专用章"和填制人签章。

（5）如客户本次实交金额小于本次应收金额，则记入部分收款，系统部分销账，不足部分转入欠费，不得开具电费发票，根据客户要求按实际交款数额开具"交款凭证"。

（6）客户预存资金时，开具收款凭证，待月末结算电费后，方可向客户开具电费发票。

三、增值税专用发票开具要求和内容及注意事项

1. 增值税专用发票的开具

（1）字迹清楚。

（2）不得涂改。如填写有误，应另行开具专用发票，并在误填的专用发票上注明"误填作废"四字。如专用发票开具后因购货方不索取而成为废票时，也应按填写有误办理。

（3）项目填写齐全。

（4）票、物相符，票面金额与实际收取的金额相符。

（5）各项目内容正确无误。

（6）全部联次一次填开，上、下联的内容和金额一致。

（7）发票联和抵扣联加盖财务专用章或发票专用章。

（8）按照《增值税暂行条例实施细则》所规定的时限开具专用发票。

（9）不得开具伪造的专用发票。

（10）不得拆本使用专用发票。

（11）不得开具票样与国家税务总局统一制定的票样不相符合的专用发票。开具的专用发票有不符合上列要求者，不得作为扣税凭证，购买方有权拒收。

2. 增值税专用发票开具的注意事项

（1）需开具增值税专用发票的电力客户必须具备一般纳税人资格，需提供买方名称（用电户名不得为自然人）、纳税人识别号、地址、电话、开户行及账号信息。开票时，必须严格按照国家税务总局有关规定审核客户的一般纳税人资格证及税务登记证（副本）原件，认真审查客户资格证的年审期限；核对税票应税金额应与缴费凭证一致。

（2）客户持电费增值税普通发票换开电费增值税专用发票时，要求客户必须退回原开具的电费普通发票，供电公司不得同时向客户开具电费增值税普通发票和电费增值税专用发票。

（3）多个客户合用一台总表，其中部分客户需要开具电费增值税专用发票的客户，可持由转供方和被转供方共同认可的月用电量、月电费的确认函（需加盖双方公章方可有效）及电费增值税普通发票、税务登记证副本，经税务部门同意后，到供电企业开具。

（4）具备一般纳税人资格的农村电力客户，按《关于农村电网缴护费核定及免征增值税有关问题的通知》规定，开具的增值税专用发票不包含农村电网低压维护费。

（5）增值税专用发票大写金额只能是本期电费发生额（扣减居民生活用电电费）。预收电费、违约使用电费等非增值税应税收入的营业外收费项目，不得开具电费增值税企业发票。

（6）电力企业应尽量避免对使用增值税专用发票的客户退还电费。如必须退款，而客户原发票已抵扣时，应请客户到当地主管国家税务机关开具进货退出或索取折让证明单（以下简称证明单）送交电力方，作为电力企业开具红字专用发票的合法依据。电力企业在未收到证明以前，不得开具红字专用发票；收到证明单后，电力企业可根据退电费的数量（差价）向客户开具红字专用发票。

（7）增值税专用发票抵扣有效期为三个月，因此对已开具的增值税专用发票应及时通知客户领取。

四、电费发票的领用

（1）供电企业的电费发票应设专人管理。

（2）发票管理人应根据发票的实际使用情况来进行订购发票，按照发票的使用期限的规律性，分期分批订购。订购时应申报计划，报营销部门审核批准后，由财务部门按《中华人民共和国发票管理办法》向税务部门领取和购买发票。增值税专用发票的领取应按《增值税专用发票使用管理办法》相关规定执行。

（3）一切管理发票、使用发票的单位和个人，均应设专项逐一记载发票的领、用、存的情况。发票使用部门应建立专用报表记录发票领、用、存的情况，并实施严格的分工负责考核制度。

（4）发票管理人向财务部门统一领用电费发票并建立发票领用登记簿，再向电费发票的各使用单位或班组发放发票。

（5）各使用单位或班组应指定专人办理领用手续，并负责保管和按规定使用，领用时应做好签领记录手续，每次领用发票数量不宜太多，一般按 1 个月的用量领用。

（6）各使用单位或营销部门门市收费员对新领取的电费发票，要认真做好使用登记工作，注明领取时间、数量和领取人姓名。领用电费发票时应当场查验各联是否齐全。

（7）各使用单位或营销部门门市收费员在调离收费岗位时必须将已用发票存根、作废发票、未用空白发票进行清理统计，办理移交手续。

五、电费发票的保管

（1）各使用单位或班组均设有专人，建立发票使用登记制度，设置发票登记簿即"上月电费票据使用情况"，其内容包括：已用票据本数、起讫号码、作废票据、空白未用票据的起讫号码。对作废的发票不得随意丢弃，应在废票写明作废后，并将废票的所有联次收回，按发票号码顺序存放。因开具错误等原因需作废增值税专用发票的，应将所有联次收集齐全，加盖作废章，与其他存根联一起存放。

（2）各使用单位或班组应对每百张生成完毕的发票分别记录下区间编号及生成（开具）时间。对已开具发票的存根联、记账联合并后按每百张装订一册，每百张按顺序集中保管、中间不得缺号，并加上封面，封面上写明：发票起讫号码、总份数、作废份数、作废号码，交由电费管理中心保管，并在登记簿上注明还票情况。

（3）月末，发票管理人核实各使用部门的发票领用、使用情况，编制各类发票、收据领用、使用、回笼情况月报表，向营销部门、财务部门报告发票使用情况。

（4）财务部门负责定期向主管国家税务机关报告发票使用情况。

（5）空白发票必须妥善保管，增值税专用发票必须存放于保险柜内，不得遗失，如果遗失，必须立即向主管领导汇报，并于丢失当日由财务部书面报告主管税务机关，并在报刊和电视等传播媒介上公告声明作废。

（6）任何单位和个人未经批准，不得跨规定的使用区域携带、邮寄、运输空白发票。禁止携带、邮寄或者运输空白专用发票出入境。

（7）普通电费发票的票根保管期限为五年，增值税专用发票的票根保管期限为十年。保存期满，由财务部门报经税务机关查验后销毁，不得擅自损毁。

六、电费发票的销毁

1. 电费发票销毁的规定

（1）电费票据保存期满，由财务部门报经税务机关查验后销毁，不得擅自损毁。已开具的发票存根联和发票登记簿，应当保存 5 年。保存期满，报经税务机关查验后销毁。开具发票的电子数据应当以电子储存介质完整保存 5 年。

（2）电费发票存根及空白发票需销毁时，要进行分类整理、登记造册，填制《发票清理销毁（申请）表》，经主管税务机关进行查验批准后，送到指定的地点销毁，销毁现场须有两名以上发票管理人员进行监督销毁。

（3）对于保管期满但未结清的债权债务原始凭证和涉及其他未了事项的原始凭证，不得销毁，而应当单独抽出立卷，保管到未了事项完结时为止。

2. 电费票据销毁的流程

首先由供电企业的电费票据填开及保管部门对需要销毁的电费发票进行清理，并分类登记造册，然后将清理结果书面报送本企业的财务部门。由财务部门根据票据保管期限的要求，按照税务机关票据销毁的规定，填报《发票清理销毁（申请）表》一式三份，并携带公章、需要缴销的发票及票据需销毁明细清单、使用过的最后一份及其后一份空白增值税专用发票复印件，到供电企业的主管税务机关进行查验后，送达销毁地点办理销毁手续。

【思考与练习】

1. 在电费普通发票使用过程中应注意哪些事项？

2. 发票保管有哪些要求？

3. 增值税专用发票的使用管理过程应注意哪些事项？

4. 简述电费票据销毁的规定。

第九章

预 购 电 售 电

▲ 预购电售电操作方法（Z35F5001Ⅲ）

【模块描述】本模块包括预购电售电的适用范围、特点、操作方法等内容。通过概念描述、流程介绍、要点归纳，掌握预购电售电的操作方法。

【模块内容】

一、预购电的适用范围

安装了预付费电能计量装置的客户，以及供用电双方根据约定的合同或协议，客户采用"先付后用"的方式支付电费。常见的电费预购电方式：负控购电、卡表购电、智能电表费控、分次划拨、特约委托等。

二、预购电的优点

（1）规避供电企业经营风险。实现客户先购电、后用电结算方式，对信誉度不高、长期欠费及临时用电性质的用电客户，通过预购电可有效地促进电费回收，预防恶意欠费的发生，降低和化解电费回收风险，提高电费回收率。

（2）加快供电企业资金回笼速度。客户预交电费，先交费后用电，缩短客户回款周期。

（3）有效制约客户拖欠电费，进一步加强电费回收管理，防止新欠电费的发生和电费呆、坏账的发生。

三、预购电售电操作方法（以电卡表预购电为例）

对于大电力客户，供电企业可以采用协议购电、趸售等方式来实现预购电，控制手段可以通过负荷控制系统来实现；对一般居民客户、农村生活用电、中小型企事业单位可以采用磁卡售电的方式来实现。协议购电和趸售，可依据协议规定和本单位的具体情况来实现，一般具有地方特殊性，但是磁卡售电的预购电，工作量比较大，具体操作要求如下：

1. 正常售电

如果是新装卡表客户第一次购电，售电类别选择正常售电，系统中保存为新户售电。购电一次以上的客户在正常情况下售电类别都选择正常售电。

新装卡表在装表时会先在表中预置一定的电量给客户，当客户第一次购电时，实际的写卡电量不包括预置电量，所以如果无其他调整电量时，写卡电量=购电量-预置电量。

新户售电的购电次数默认为1。正常售电的购电次数在原来次数上加1。

2. 换卡售电

当客户购电时，卡中信息无法正常读出时使用换卡售电。

换卡售电的购电次数在原来次数上加1。

3. 清零售电

当客户换表或卡中电量无法输入到电能表中（客户让抢修人员现场表计清零后再来购电）时，使用清零售电。

如果是客户换表，则会要求在计量换表流程中给新表录入预置电量以及旧表剩余电量，如果不换表，则必须通过卡表调整电量业务项中录入预置电量和旧表剩余电量。如果做清零售电前没有录入预置电量，系统会自动提示。

清零售电的购电次数默认为1，新户（指新装户）售电，做正常售电操作，不是做清零售电。

当客户做了新户售电、正常售电、换卡售电或清零售电后，在电量未输入电能表的情况下可以做重新售电。

4. 换卡写卡（电量未输入）

当客户购电后插卡，卡中电量无法输入到电能表中，确认后可以更换电卡做换卡写卡。换卡写卡后的购电次数及购电量不变，同上次一样。

5. 清零写卡（电量未输入）

当客户做了正常售电、换卡售电后，卡中电量无法输入到电能表中，对电能表进行清零后可以做清零写卡。

【思考与练习】

1. 采用预购电售电的优点有哪些？

2. 当电量未输入时如何进行换卡写卡？

3. 当电量未输入时如何进行清零写卡？

第三部分

售 电 统 计 分 析

第十章

用 电 行 业 分 类

▲ 用电行业分类知识（Z35G1001 II ）

【模块描述】本模块包含用电行业分类。通过分类介绍，熟悉国民经济行业用电分类统计的范围、分类主要指标、分类标准划分原则、分类指标解释及全行业用电分类。

【模块内容】

行业用电分类，用于说明国民经济各行业用电情况和变化规律，以此反映国家电气化程度和发展趋势；分析研究国民经济增长与电力生产增长，社会产品增长与电力消耗量增长的相互关系，是编制国民经济计划和进行电力分配的依据。

一、国民经济行业用电分类统计的范围

国民经济行业用电包括全行业用电量和城乡居民生活用电量。

全行业用电量指社会各行业用电量，包括所有行业中所有用户接受的来自各种渠道、各种体制下的经使用转化为其他能量的电量。各行业用电量中均包括电力企业售给用户的电量、自备电厂自发自用电量（包括余热发电的电量）、自备电厂卖给附近用户的电量以及趸售电量。部分地方水、火电的售电量，亦在进行分类统计。

城乡居民生活用电量包括城镇和乡村居民家庭照明、家用电器等生活用电，为便于分析，单独分类统计。

二、国民经济行业用电分类主要指标

国民经济行业用电分类主要指标包括：用电户数、用户用电设备容量、用电量。

1. 用电户数

应以每一用户台账为一户。如三家合装一只电能表，在供电部门设置一户台账者，即作为一户；反之，一家装有两只电能表，在供电公司设置两户台账者，应作为两户。一家装有多只电能表而在供电部门只有一户台账者，应作为一户。路灯装有电能表者以每一表为一户，未装有电能表者，可按供电线路在一定范围内划分为一户。

2. 用户用电设备容量

用户用电设备容量指各类用户（包括有自备电厂的各类用户）已装置的用电设备容量，包括正常开动、备用、检修、因故停开的设备等，如电动机、电焊机、电阻炉、电弧炉、电解槽、电镀槽等。计量单位为"kW"。电灯用户如因用户的实际灯头数和容量不易掌握时，可按电能表的安培数乘以电压，按功率因数折算为千瓦。

3. 用电量

用电量应以卖给最终用户的电量划分行业用电分类。其中趸售电量也应按其最终用户的电量划分行业用电分类。趸售部分和转供过程中消耗和损失的电量应作为线路损失电量统计。

三、国民经济行业用电分类标准划分原则

（1）与《国民经济行业分类》相对应。随着国民经济的快速发展，新的行业不断涌现并逐步发展壮大。用电分类标准首先考虑与《国民经济行业分类》的相对性，确保分行业用电与分行业国民经济指标口径一致，以便进行产值单耗、电力弹性系数、投入产出等综合评价比较分析，客观反映社会各行业经济发展及能源节约状况，便于社会各界借鉴使用用电分类数据信息，为政府制定相应的产业发展规划和能源政策提供参照依据。

（2）新、旧用电分类标准间小类可对应历史数据延续对比使用。用电分类历史数据的纵向对比分析，能够揭示各行业用电增长变化情况，在用电分类标准调整的过程中，历史数据不断档是最基本的前提，也是在划分标准归类过程中掌握的基本原则，新、旧用电分类标准间小类基本可以对应，在调整年度通过调整对照说明解释，可以建立历史同期数据的对比分析。

（3）充分考虑行业用电特性，便于行业用电及市场营销分析。标准充分考虑各行业用电特性，对于用电结构、用电比重、用电特点等比较突出的行业或产业活动事项，即使国民经济行业分类中没有进行细分，为了便于行业用电及市场营销分析，在新标准中均进行了单独细致的分类，如：排灌、电厂生产全部耗用用电、线路损失电量、城乡居民生活用电、公共照明、高耗电（氯碱、电石、黄磷、铝冶炼、铁合金冶炼等）等。

（4）在充分考虑分表计量等可操作性的基础上对用电大项细分。对化工、金属冶炼、建材等用电比重比较大的行业，尽可能地细分归类，能够为行业用电分析带来便利，但由于许多行业或产品在实际生产过程中关联度和依存度较高，有的没有分别电能表计量，如果分别划分用电分类，在实际操作中难以实现分别抄计电量，在进行了广泛调研的基础上，新标准对上述行业中水泥、肥料等部分高耗电行业进行了细分，而对于用电比重更大的炼钢、炼铁等由于没有分表计量的原因，新标准中没有单独分类。

（5）适度超前。用电分类标准的制定较国民经济行业分类标准有一定的滞后期，由于用电分类数据信息使用者广泛，是电力行业及社会各界必不可少的基础资料，频繁调整分类标准，不仅工作量大，且给数据的使用者和提供者都带来极大的不便，新标准的制定过程中，广泛征求了相关专家学者的意见，充分考虑了新兴朝阳产业的潜力及在未来可能的发展趋势和影响力，在新标准中进行了单独分类。

四、国民经济行业用电分类指标解释

1. 全社会用电总计

全社会用电总计包括全行业用电和城乡居民生活用电，指全社会在报告期内对电力的全部消费总量，包括国民经济各行业的消费和城乡居民生活消费。

2. 全行业用电总计

全行业用电分类包括八大类：农、林、牧、渔业；工业；建筑业；交通运输、仓储和邮政业；信息传输、计算机服务和软件业；商业、住宿和餐饮业；金融、房地产、商务及居民服务业；公共事业及管理组织。

（1）第一产业。指农、林、牧、渔业。

（2）第二产业。指工业、建筑业。

（3）第三产业。指除第一、二产业以外的其他行业。包括：交通运输、仓储和邮政业；信息传输、计算机服务和软件业；商业、住宿和餐饮业；金融、房地产、商务及居民服务业；公共事业及管理组织。

3. 城乡居民生活用电量合计

城乡居民生活用电量合计包括城镇居民和农村居民家庭照明、家用电器等生活用电。

（1）城镇居民。包括城镇居民家庭照明、家用电器等生活用电。

（2）乡村居民。包括乡村居民家庭照明、家用电器等生活用电。

【思考与练习】

1. 我国国民经济行业用电分几大类？具体包括哪些行业？

2. 城乡居民生活用电包括哪些？

3. 国民经济行业用电分类主要指标包括哪些？

第十一章

线损电量分析和计算方法

▲ 线损电量分析和计算方法（Z35G2001Ⅲ）

【**模块描述**】本模块包括线损电量的分析，正确选择需要计算的参数、线损电量的计算、确定降低线损的措施。通过学习，掌握线损电量的分析和计算方法。

【**模块内容**】

一、线损的有关概念

1. 电网的功率损失和电能损失

（1）线损。电能从发电机输送到客户需经过各个输、变、配电元件，这些元件都存在一定的电阻和电抗，电流通过这些元件时就会造成一定的损耗，这种损耗通常可用功率损失和电能损失两种形式表示。功率损失是瞬时值，电能损失是功率损失在一段时间上的累计效应。

从狭义上讲，线损仅指电能输配过程的有功功率损耗；从广义上讲，线损是指电能输配过程中有功、无功和电压损失的总称。

（2）线损电量。电能传输和营销过程中的损耗与损失体现为线损电量。对电网经营企业来说，通过线损理论计算出来的只是全部实际线损电量的一部分，即技术线损；在电能传输和营销过程中，从发电厂至客户电能表所产生的全部电能损耗和损失还包含管理线损，其中管理线损是无法进行理论计算的。为此，线损电量通常是根据电能表所计量的总"供电量"和总"售电量"相减得出，即：

$$线损电量=供电量-售电量$$

式中 供电量——供电企业供电生产活动的全部投入电量；

售电量——供电企业向所有客户（包括相邻电网等）销售的电量以及本企业电力生产以外的自用电量。

（3）线损率与统计线损率。线损率是线损电量占供电量的百分率，其计算公式为：

$$线损率=线损电量/供电量×100\%=（供电量-售电量）/供电量×100\%$$

显然，线损率的准确性取决于电能计量装置的精确度，供、售电能表抄录的同期度和营销抄表、核算的准确度。

上式中的线损电量是根据统计范围内电能表所计量的总"供电量"和总"售电量"相减得出，所以这样计算出来的线损率是实际上的统计线损率。通常所说的线损率都是统计线损率。统计线损率往往体现为线损管理的实绩。

（4）无损电量与有损电量。供电企业通过电网从发电厂或相邻电网购买电量的同时，又通过电网把电量售给各类用户。在电力营销和线损统计管理中，有一类电量是供电量与售电量在同一计量点共用同一块计量表计计量的，这部分电量相对供电企业来说是没有损耗的电量，这部分电量被称为无损电量，即专线、专用变压器的电量。相对于无损电量，在供电过程中，对供电量和售电量不在同一计量点，不共用同一块计量表计的电量，即公用变压器、公用线路的电量被称为有损电量。

供电企业在进行线损统计计算时，从供、售电量中分离出无损电量的目的在于：一方面可以查找本级电压电网线损发生的环节，从而进行有针对性的分析，并制定降损措施；另一方面能得到客观反映管理水平的线损率，更便于不同电网和企业之间的比较和分析。

（5）综合线损率与有损线损率。在进行 10kV 电网的线损率统计时，可以有两种统计方法：一种是在供、售电量中包含 10kV 首端计费的专线电量，这种方法统计出来的线损率通常称为综合线损率；另一种是在供、售电量中不包含 10kV 首端计费的专线电量，而只统计公用线路、公用变压器的供电量和售电量，这种方法统计出来的线损率通常称为有损线损率。显然按第一种方法计算出来的综合线损率低于按第二种方法计算出来的有损线损率，但是后者更能反映该电网运行的经济性和管理水平，在线损分析和管理中更有意义。

2. 线损电量的构成和分类

线损电量由技术线损电量（理论线损电量）和管理线损电量两部分组成。

（1）技术线损电量（理论线损电量）。根据 DL/T 686—2018《电力网电能损耗计算导则》的规定，理论线损电量是以下各项损耗电量之和：变压器的损耗电能、架空及电缆线路的导线损耗的电能、电容器、电抗器、调相机中的有功损耗电能、调相机辅机的损耗电能、电流互感器、电压互感器、电能表、电测仪表、保护及远动装置的损耗电能、电晕损耗的电能、绝缘子泄漏损耗电能、变电所的所用电能、电导损耗。

（2）管理线损。管理线损则主要是由于管理原因造成的电量损失。其中供电方的管理原因是主要的，但也包括了用户的原因和其他一些因素，如电能计量装置的误差、营销工作中漏抄、错抄、估抄、漏计、错算及倍率搞错、用户违约用电及窃电等。

二、线损统计与分析

1. 线损统计的要求

（1）统计责任。各级专（兼）职线损员是本线损管理责任范围的统计责任人，应对线损报表数据的正确性、真实性负责。

（2）统计报表质量要求。

1）统计报表格式应统一。需上报的报表必须使用上级统一制订的报表，县供电企业根据需要可以细化补充，基层不得使用自制报表上报。

2）数据准确、真实，手工填写的应字迹清晰、无涂改。

3）使用法定计量单位。

4）报表要求的栏目要填写齐全，有线损员和部门负责人签字。

5）统计口径一致，报表中使用的计算公式一致。

6）按照规定的时间统计上报，不延误。

7）线损归口管理部门应就线损统计分析报表的填报组织专题培训，线损统计分析报表管理应纳入线损管理考核内容。

2. 保证线损统计报表数据真实的方法

线损统计报表数据的真实性是进行科学的线损分析、管理与考核的基础，但在实际工作中，由于受各种因素的影响，经常会出现基层单位或人员人为调整、弄虚作假的情况，造成电量不真、线损统计不实等问题。为此，提倡县供电企业采用"抄、管分离"的统计模式保证线损统计报表数据的真实性。

3. 线损分析中应注意的问题

（1）线损分析的误区。全面、深入、准确、透彻地进行线损分析可以找准线损升降的原因，制订行之有效的降损措施。为确保线损分析的质量，各单位应配备具有专业业务素质和敬业精神的线损专职。但目前一些单位对此还不够重视，还存在把线损管理专工按统计员的素质配备，管线损的人自己本身就一知半解；还有一些单位的线损分析记录或分析报告内容过于简单，甚至流于形式、粗浅浮躁、支差应付。

线损分析中常见的误区有以下几种：

1）线损分析就是对比一下线损率大小、高低。

2）线损率没什么变化就不需要分析线损率下降，更不需要进行线损分析。

3）线损率上升就一定是管理上有问题，盲目找原因。

4）只愿意作定性分析，而不是尽可能地对各个因素进行定量分析。

5）当期实际线损率出现比理论线损率低就无法分析。

6）有线损率的分析就行了，不需要再进行线损小指标的分析。

（2）线损分析"十二要"。

1）线损分析时首先要作好母线电量平衡分析。

2）正确进行理论线损计算，求出各条线路的固定损失和可变损失，并对计算结果进行分析。

3）要分析因查处窃电或纠正计量、营业差错追补（退回）电量对线损的影响。

4）要分析系统运行方式或供、售电量统计范围的变化对线损的影响。

5）要分析由于季节、气候变化等原因使电网负荷有较大变化对线损的影响。

6）要分析掌握各类用户电量（尤其是电量大户）的变化对线损的影响。

7）要分析线路关口表及各用电户计费电能表的综合误差对线损的影响。

8）要分析供、售电量抄表时间不一致对线损的影响。

9）要分析抄表例日的变动提前或推迟抄表使售电量减少或增加对线损的影响。

10）要分析无损电量的变化对综合线损的影响。

11）若自用电未装表计量计算电量，要分析自用电量增加或减少对线损高低的影响。

12）要对理论线损和统计线损进行分析比较，对不明损耗高的薄弱环节提出降损措施意见。

4. 线损分析经常采用的方法

（1）电能平衡分析。电能平衡分析就是对输入端电量与输出端电量的比较分析。主要用于变电站（所）的电能输入和输出分析、母线电能平衡分析。计量总表与分表电量的比较用于监督电能计量设备的运行状态和损耗情况，使计量装置保持在正常运行状态。

（2）实际线损与理论线损对比分析。理论线损只包括技术损耗，不包括管理损耗。通过实际线损率和理论线损率对比分析，若两者偏差太大，说明管理不善，存在问题较多，要进一步具体分析问题所在，然后采取相应的措施。实践证明，凡是 10kV 线路和低压台区的实际统计线损和理论线损对比，两者数值偏差较大的，往往是这些线路和台区有窃电或计量不准等管理问题。根据管理较好的县供电企业经验，理论线损与实际统计线损两者偏差在±1%范围内为基本正常。

（3）实际线损与历史同期比较分析。农村电网负荷季节性较强，农业生产用电随季节气候变化很大。但一年四季季节气候变化一般是有一定的规律的，农业线路的线损率如果仅仅与上一个月对比，往往差异很大，但与历史同期气候相近的条件下的线损率进行比对分析往往更能够发现问题。

（4）实际线损与平均线损水平比较分析。一个连续较长时间的线损平均水平更能够消除因负载变化、时间变化、抄表时间差等因素影响造成的波动，更能反映线损的基本状况，与平均水平相比较，就能发现当期的线损管理水平和问题。

（5）实际线损与先进水平比较分析。本单位的线损完成情况与周围条件相近的单位比，与省内、国内同行比，就能发现自己的管理水平存在问题和差距。

（6）定期、定量统计分析。定期分析就是要做到有月度分析、季度分析、年度分析；定量分析就是要做到分压、分线、分台区并按影响因素分析，不仅要找出影响线损的主要因素，而且要做到对影响大小进行量化分析，重点要突出，针对性要强。

（7）线损率指标和小指标分析并重。线损率实际完成情况表明的是线损管理的综合效果，而只有通过对小指标的分析才能反映出线损管理过程的各个环节影响线损的具体原因。因此，在线损分析中一定要注意线损率指标和小指标分析并重。

（8）线损指标和其他营业指标联系在一起分析。售电量指标、电费回收率指标、平均售电价指标与线损指标之间有密切的联系。如果人为调整这四个指标中任何一项，均会对其他三个指标的升降产生影响。因此，在进行线损分析时要注意把这四个指标联系在一起分析。

（9）对线损率高、线路电量大和线损率突变量大的环节进行重点分析。线损统计的一个最大特点就是数据量大，需要分析的环节很多，逐一分析费时费力效率也不高。线损管理者都知道线损率高的线路降低线损率的潜力大，供电量大的线路线损率的降低对全局的降损影响力大，而线损率突变量大的线路往往存在各种管理问题，因此这三种情况必须成为线损分析的重点。这里提出的综合分步分析的方法，即采取分步筛选按顺序进行，最终找到关键环节，具体为：第一步选出线损率高的线路、台区；第二步在第一步基础上选择出电量大的台区、线路；第三步在第二步基础上选择线损率突变量大的台区线路。简而言之就是"高中选大、大中选突"确定出降损节能的主攻方向。

三、供电所线损统计与分析

（一）线损完成指标统计、分析

1. 本月线损指标情况

本月用电指标完成概况。综合变压器台数 85 台，与去年同期对比见表 11-1-1。

表 11-1-1　　　　　　　　　同　期　线　损　对　比

项目	供电量（kWh）	售电量（kWh）	损失电量（kWh）	线损率（%）
本期	3 606 240	3 436 125	170 115	4.72
上期	6 268 260	5 942 628	325 632	5.19
去年同期	3 625 187	3 596 244	28 943	0.80

2. 分台区线损分析

（1）台区线损结构见表 11-1-2。

表 11-1-2   台 区 线 损 结 构

线损结构	台数	比例（%）
负线损	5	5.88
10%以下	74	87.06
10%～20%	4	4.71
20%～30%	2	2.35
30%以上	0	0.00
合计	85	100.00

（2）线损超 10%（不含变压器固定损耗）的台区见表 11-1-3。

表 11-1-3   线损超 10%（不含变压器固定损耗）的台区综合
变压器线损明细表（××××年 10 月）

配电变压器名称	低压线损（不含变压器固定损耗）			
	供电量（kWh）	售电量（kWh）	损失电量（kWh）	线损率（%）
塘村配电变压器	39 849.5	35 476	4373.5	10.98
连村配电变压器	49 800	36 478	13 322	26.75
塘西配电变压器	31 034	22 644	8390	27.03
陆村配电变压器	16 380	13 937	2443	14.91
界湖配电变压器	25 381.6	22 778	2603.6	10.26
水路配电变压器	7248	6488	760	10.49

（3）线损为负的台区见表 11-1-4。

表 11-1-4   线损为负的台区综合变压器线损明细表
（××××年 10 月）

配电变压器名称	低压线损（不含变压器固定损耗）			
	供电量（kWh）	售电量（kWh）	损失电量（kWh）	线损率（%）
东塘配电变压器	57 400	64 019	−6619	−11.53
三塘配电变压器	45 420	47 190	−1770	−3.90

续表

配电变压器名称	低压线损（不含变压器固定损耗）			
	供电量（kWh）	售电量（kWh）	损失电量（kWh）	线损率（%）
庙前配电变压器	14 150	14 661	−511	−3.61
塘桥配电变压器	12 300	12 863	−563	−4.58
湖家缘 2 号变压器	8880	14 642	−5762	−64.89

（4）线损波动台区见表 11−1−5。

表 11−1−5　　　　　线损波动台区综合变压器线损明细表

（××××年 10 月）

配电变压器名称	低压线损（不含变压器固定损耗）					
	上月供电量（kWh）	上月售电量（kWh）	线损率（%）	本月供电量（kWh）	本月售电量（kWh）	线损率（%）
桥东配电变压器	18 400	17 141	6.84	12 521	12 451	0.56
香家配电变压器	72 880	67 271	7.70	38 800	38 089	1.83
后港配电变压器	49 260	46 331	5.95	28 530	27 555	3.42

（5）连续 2 月线损不达标台区见表 11−1−6。

表 11−1−6　　　　连续 2 月线损不达标台区综合变压器线损明细表

（××××年 10 月）

配电变压器名称	低压线损（不含变压器固定损耗）					
	上月供电量（kWh）	上月售电量（kWh）	线损率(%)	本月供电量（kWh）	本月售电量（kWh）	线损率（%）
石塘配电变压器	126 600	110 521	12.70	52 993	49 129	7.29
石家配电变压器	63 900	58 510	8.44	39 849.5	35 476	10.98

3. 本月线损异常台区情况分析及降损措施

（1）本月线损超 10%台区情况分析。连村配电变压器供电量 49 800kWh，售电量 36 478kWh，线损率 26.75%。

电费：该配电变压器本月应抄户数 85 户，实抄户数 85 户，抄表准确到位，无估抄、漏抄、错抄，抄表率 100%；其中零度户 7 户经核实确为零度户；在本月抄表过程中发现有 7 户挂靠关系不准确，合计电量 148lkWh，本月实际线损（49 800−36 478−1481）/

49 800×100%=23.78%，封印完好，无其他异常情况。

营销：去年配电变压器下批准容量 612kW，用户数 86 户；今年配电变压器容量 100kVA，批准容量 571kW，用户数 85 户；配电变压器下用户数、批准容量略有减少，营业情况无异常。

运行维护：

1）线路主线：西线 1～4 号杆（LGJ50mm²）452m，9、10、11 号分杆分支线（BLVl6mm²）410m，东线 1～4 号杆（LGJ50mm²）102m，5～13 号杆（LGJ25mm²）355m，供电半径 436mm，用户数为 85 户，用电量 49 800kWh。

2）配电变压器容量 160kVA、115.2kW，实测容量 30.01kW。

3）该配电变压器首端电压是 235V，末端电压 232V 比额定电压高 12V，实测负荷电流 A 相 45A，B 相 72A，C 相 54A，N 相 34A。

技术管理：该配电变压器（原 100kVA）在 9 月 26 日已作增容为 315kVA，供电容量已满足，用电高峰时单相用电负荷大，电压降较大是增加线损的原因。

拟采取的措施：根据用电容量及回路用电负载大情况，已得到线路改造批准计划，项目计划在 2009 年 1 月前实施工程；根据运行维护组实测负荷结果 N 相电流较大，应对三相负荷不平衡进行调整，在 12 月月底前实施。

（2）本月线损为负的台区情况分析。东塘配电变压器供电量 57 400kWh，售电量 64 019kWh，线损率−11.53%。

电费：该配电变压器本月应抄户数 171 户，实抄户数 171 户，上期抄表时有 2 户漏抄，总户号 480004780 涉及电量 6285kWh，总户号 480003323 涉及电量 1893kWh 无法抄见，因以往电量较大，无法估抄，在本月用户回来后抄见，导致上期线损过大，本月线损过小，抄表率 98.83%；其中零度户 1 户经核实确为零度户；挂靠关系准确，封印完好，无其他异常情况，本月实际线损（57 400−64 019+8178）/57 400×100%= 2.71%。

营销：去年配电变压器下用户数 190 户，批准容量 1336kW；今年配电变压器容量 160kVA，配电变压器下用户数 171 户，批准容量 1180kW；配电变压器下用户数减少 19 户、批准容量减少 218kW。

运行维护：该配电变压器低压线路运行正常。

技术管理：该配电变压器低压线路运行正常。

拟采取的措施：加强抄表质量检查，杜绝漏抄。

（3）本月线损波动台区情况分析。香家配电变压器上月供电量 72 880kWh，售电量 67 271kWh，线损率 7.70%，本月供电量 38 800kWh，售电量 38 089kWh，线损率 1.83%。

电费：该配电变压器本月应抄户数 159 户，实抄户数 159 户，抄表准确到位，无估抄、漏抄、错抄，抄表率 100%。其中零度户 9 户经核实确为零度户；该配电变压器挂靠关系准确，封印完好，无其他异常情况。

运行维护：

1）线路主线（LGJ50mm²）534m，各分支线（LGJ35mm²）共计 63m，（LGJ25mm²）共计 83m，各分支线合计（BLVl6mm²）1136m，供电半径 821mm。

2）配电变压器容量 250kVA，额定负荷电流 360.8A，在白天实测负荷电流 A 相 55A，B 相 50A，C 相 56A，在 N 相电流 14A，首端电压 232V，末端电压 227V。

从以上数据分析，该配电变压器供电半径和供电量的线损百分比成正比，线路设备运行正常。

技术管理：请电费组加强台区抄表时间与关口表时间的统一。

（4）连续 2 月线损不达标台区分析。石家配电变压器供电量 39 849.5kWh，售电量 35 476kWh，线损率 10.98%。

电费：该配电变压器本月应抄户数 145 户，实抄户数 144 户，估抄 1 户（480008736），经后期复抄发现少抄电量 657kWh，本月实际线损（39 849.5–35 476–657）/39 849.5×100%=9.33%，本月抄表率 99.31%；其中零度户 8 户经核实确为零度户；该配电变压器挂靠关系准确，封印基本完好，无其他异常情况；该配电变压器已增容，近期线损逐月上升，但要线损达标，大部分陈旧线路必须改造。

营销：去年配电变压器下批准容量 712kW，用户数 143 户；今年配电变压器容量 160kVA，批准容量 739kW，用户数 145 户；配电变压器下用户数、批准容量略有增加。

运行维护：

1）东占线主线 1～10 号杆（LGJ70mm²）213m，1、6 号杆分支线路（LGJ35mm²）292m，2、4、5、8、10 号杆分支线路（LGJ25mm²）320m，8、9 号杆分支线路（BLVl6mm²）90m，供电半径 448m、用户数为 145 户，用电量 39 849.5kWh。

2）配电变压器容量 160kVA、115.2kW，实测负荷 10.36kW。

3）该配电变压器首端电压是 231V，末端电压 221V 比额定电压高 1V，实测负荷电流 A 相 31A，B 相 31A，C 相 7A，N 相 34A。

技术管理：该配电变压器配电变压器为 160kVA，配电线路 2012m，其中支线路导线截面小（LGJ25mm² 及以下线路达 627m），高峰用电负荷大，导线截面小且线路长是线损大的主要原因。

拟采取的措施：该配电变压器目前已作计划在 2009 年度进行增容及线路改造；根据运行维护组实测负荷结果 N 相电流较大，应对三相进行负荷调整，工作在 12 月底前落实。

（二）降低线损主要工作

1. 管理线损工作

（1）对用户计量进行巡视检查并进行加封。

（2）核准用户的挂靠关系。

（3）对私增容量的用户加大检查、查处、整改的力度。

（4）对零电量用户表计进行核对。

（5）作好抄表质量分析，加强抄、核、收管理，杜绝抄表不同步、漏抄、错抄和估抄，提高抄表的准确性。

（6）加强用电检查。

（7）对线损不达标和波动过大的 17 只台区进行抄表质量复核。

（8）对总保护和分保护的投运率进行了检查。

（9）结合秋季大检查，对查出的树木碰线、建筑物的台区进行消缺工作。

（10）对 3 只台区调整三相负荷。

（11）对 5 只台区调整负荷中心，调整供电半径。

（12）改造线路，增加线路线径。

2. 技术线损管理工作

供电所依据 9 月线损分析报告中台区列有技改降损措施与工作计划部分，结合年度迎峰度夏工程计划、配网改造及新农村建设工程计划、月度消缺技改、平衡负荷工作计划进行落实技改工程。

（1）针对供电容量不够，变压器严重超载，单回路用电负荷大线路超载运行，供电半径过大，末端电压低于 198V 的台区进行按计划实施改造工程，落实技改方案，结合上面分析制定详细的降低线损措施。

（2）经实施 9 月技术计划降损措施后，10 月线损明显下降，但依然不符合台区考核标准的，应查找并分析原因。

（3）另有 2 个台区（某甲配电变压器、某乙配电变压器）因原计划技改工程延期将在 2009 年 1 月体现降损效果。

针对配电设备、配电线路陈旧、触点不良发热，三相负荷不平衡按月度消缺技改、切割转移负荷工作计划，实施运维技改工程 2 项。

（三）下月份线损管理主要工作计划

（1）对 11 月线损异常的台区进行复抄，有无错抄、漏抄、估抄的现象，并分析出线损和 10 月抄表台区的线损进行对比，并找出原因。

（2）加大对违约用电用户的检查。

（3）组织二次对窃电检查。

（4）对台区用户封印检查。

（5）加大对台区巡视检查力度。

四、台区线损统计与分析

【例 11-1-1】某村低压电网改造后，采用三相四线式供电，导线为 16mm² 护套线，负荷最远处距电源 480m，全村 48 户居民装表用电。6 月在电源末端新增一台 7.5kW 电动机，用于粮谷加工，装表用电。7 月末抄见电量为：0.4kV 侧总表电量 1450kWh，粮米加工用电 720kWh，48 户居民中实抄 44 户，总电量为 510kWh，2 户居民电能表损坏，2 户漏抄表。假设：① 线路损失电量 90kWh，居民电能表损失按每月 1kWh、动力表按每月 2kWh 计算，电能表损坏户及漏抄户均按上月实际用电量计算。② 电能表损坏追补电量 25kWh，漏抄户电量按 30kWh 计算。③ 本台区考核线损率 12%，上月份的线损率为 11.5%，上年度的实际线损率为 10.8%。请对该台区线损进行分析，并计算该村低压合理损失率。

解： 1. 本台区七月线损统计计算与指标说明

（1）数据计算。

1）七月损失电量 1450-720-510=220（kWh）

损失率 220/1450×100%=15.17%

2）表计损失电量 48×1+1×2=50（kWh）

损失率 50/1450×100%=3.45%

3）线路损失率 90/1450×100%=6.21%

4）根据上月实际用电，电能表损坏用户追补电量 25kWh，漏抄户追补电量 30kWh，共计 55kWh，管理损失率 55/1450×100%=3.79%

5）不明损失电量 1450-720-510-90-50-55=25（kWh）

不明损失率 25/1450×100%=1.72%

（2）指标说明。

本月合理损失电量 1450-720-510-55-25=140（kWh）

损失率 140/1450×100%=9.66%

1）本月统计线损为 15.17%，理论线损率为 9.66%，相差 5.51%，显然偏高。

2）本月统计线损为 15.17%，与上月的线损率 11.5% 相比，偏高 3.67%，与去年同期 10.8% 相比，偏高 4.37%。

2. 线损偏高及波动的技术与管理原因分析

经过上述分析，本月损失率高的原因是：

（1）营业管理失误，出现了漏抄表情况。

（2）电能表损坏未能及时发现。

（3）存在不同程度的不明损失。

（4）线路末端新上大用户，使技术线损有所增加。

（5） 大电机用户未采用无功补偿，使技术线损有所增加。

（6） 导线线径偏细，使技术线损偏高。

3．降低线损的技术与管理措施

（1） 加强对抄表职工教育，保证抄表率达 100%。

（2） 定期巡视电表，发现问题及时更换。

（3） 加强负荷测试，采取三相负荷平衡等措施，减少不明损失。

（4） 对动力用电进行无功随机补偿。

（5） 加强用电检查，减少不明损失。

（6） 时机成熟时，更换导线线径和合理设置配电变压器安装位置，降低技术线损。

【思考与练习】

1．降低线损的技术与管理措施有哪些？

2．线损分析的方法有哪些？

3．线损偏高及波动的技术与管理原因有哪些？

第十二章

平 均 电 价 计 算

◢ 平均电价计算（Z35G3001Ⅲ）

【模块描述】本模块包括平均电价的计算方法。通过学习，掌握平均电价的计算和分析方法。

【模块内容】

平均电价即售电均价，电价平均指标，属于加权算术平均数。根据分组资料的不同，售电均价可以分为单客户的售电均价和多客户售电均价（即售电均价）。

一、单客户的售电均价

目前，除农业生产用电外其他各用电属性的销售电价，都多少存在复合计价的情况，如工业用电（含大工业用电、普通工业用电等）、居民生活用电（部分地区），执行分时电价；大工业客户存在基本电费；100kVA 及以上客户需加（减）收功率因数调整电费。

单客户售电均价，简单地说就是客户的应收电费总额与客户总电量的商值，即

$$售电均价=应收电费/总电量$$

二、售电均价

供电企业的售电均价直接影响供电企业的利润的获取。在"网损电量"一定的前提下，供电企业的售电均价越高，其获取的毛利也就越大。各基层供电企业应在政策允许范围内，通过自身的努力，使企业的售电均价提高到最高水平。

1. 分析平均电价的意义

电力销售在严格执行国家电价的基础上，按不同客户用电性质执行不同电价，不得随意变动用电结构，注意销售平均单价升降幅度的变化，如出现偏差及时按要求查清原因，及时纠正整改，以确保电价的正确执行，维护电力部门经济效益。必须重视、认真对待定期或不定期检查或抽查客户电价执行情况，增收堵漏。

2. 平均电价的计算方法

（1）全社会售电均价。指定区域内各类不同用电性质客户的售电量销售收入之和

与该区域全部客户的售电量之和的商值，称该区域全社会销售均价，即

全社会销售均价=各用电性质售电量销售收入之和/总用电量

（2）供电企业的售电均价。在一个供电营业区域内，一个时期总电力销售收入与全口径售电量之和的商值，就是该供电营业区在此统计期的售电单价，即

售电单价=电力销售收入之和/全口径售电量

3. 平均电价分析步骤

（1）确定所分析的对象的口径，主要是以电力销售区域的界定。

（2）设计计算模型，计算所需分析对象的平均电价。

（3）依据计算结果，参照历史变化，分析平均电价的变动情况，找出影响平均电价主要因素。

（4）依据分析结果，确定改进措施。

4. 平均电价分析注意事项

（1）要掌握每月或每年发生的特殊情况，如较大的一次性收费、补收数字较大的前一年电费等。

（2）正常的分类用电中，哪几类电价高于或低于总平均单价，分析时应先计算该类用电波动情况。

（3）对占用电量比重很大且影响全局性的客户或用电量占总电量比重较大的客户的平均单价升降情况，要作专项分析。

（4）大工业用电的比重较大时，要掌握大工业本身平均单价的组成情况

基本电价百分率（%）=大工业基本电费/大工业合计电费×100%

电度电价百分率（%）=大工业电度电费/大工业合计电费×100%

（5）计算平均单价时，要按电量、电费的全数进行计算，不能用万元/（万 kWh）为单位计算，计算结果取两位小数，即钱数取到"分"。

（6）在分析平均单价的增降幅度的同时，应注意用电量的大小。如果用电量小，平均单价波动幅度再大，对全局的影响也不会太大。

（7）再对去年同期销售情况进行分析比较时，应注意一些特殊因素的影响，如是否实行功率因数调整办法等。

【思考与练习】

1. 分析平均电价有什么意义？

2. 如何进行平均电价分析？

3. 平均电价分析注意事项。

第十三章

分析影响平均电价因素

▲ 分析影响平均电价因素（Z35G4001Ⅲ）

【模块描述】本模块包含影响平均电价的因素。通过影响平均电价的因素分析，了解提高平均电价的主要措施。

【模块内容】

一、影响平均电价的因素分析

平均电价主要是从售电结构和售电单价两方面进行分析。通过分析售电结构变化对平均电价的影响、分类电价变化对售电均价的影响，找出电价变化的真正原因，进一步提出改进的措施。

1. 售电结构变化的分析

售电结构变化的分析计算公式如下

分类售电比重=分类售电量/总售电量

售电结构变化对平均电价的影响=（本期分类售电比例−基期分类售电比例）×

（基期分类售电单价−基期平均电价）

售电结构变化对售电收入的影响=售电结构变化对平均电价的影响×

本期总售电量

同理得出其他用电分类比例变化对平均电价的影响，见表 13-1-1。

2. 售电单价变化的分析

售电单价变化的分析计算公式如下

售电单价变化对售电收入的影响=（本期分类售电单价−基期分类售电单价）×

本期分类售电量

售电单价变化对平均电价的影响=售电单价变化对售电收入的影响/本期总售电量

同理得出其他用电分类电价变化对平均电价的影响。

售电单价变化对平均电价的影响，还应从售电收入的组成上进行进一步的分解。从目前销售电价执行政策，可将售电单价分解为电量电价、基本电价、峰谷电价、功

表 13-1-1

售电结构分析表

分类	售电量 (MWh)		比重 (%)			用电结构变化影响		分类电价 (元/MWh)		分类电价变化影响	
	本期	同期	本期	同期	增减	影响收入 (元)	影响平均电价 (元/MWh)	本期	同期	影响收入 (元)	影响平均电价 (元/MWh)
大工业	153 869.619	99 261.226	69.85	64.38	5.46	1 184 149	5.38	768.84	758.47	1 595 628	7.24
普非工业	7669.278	7701.522	3.48	5.00	-1.52	-631 494	-2.87	843.98	849.44	-41 874	-0.19
农业生产	12 143.956	8793.37	5.51	5.70	-0.19	68 746	0.31	495.03	496.68	-20 038	-0.09
贫困县农排	2492.046	2960.654	1.13	1.92	-0.79	515 910	2.34	363.19	363.32	-324	0.00
商业用电	5196.53	3928.451	2.36	2.55	-0.19	-90 015	-0.41	874.78	876.1	-6859	-0.03
城镇居民	9578.502	7631.999	4.35	4.95	-0.60	621 122	2.82	314.16	191.92	1 170 876	5.32
农村居民	20 247.995	16 938.695	9.19	10.99	-1.80	1 714 934	7.78	328.65	226.52	2 067 928	9.39
其他照明	9090.938	6953.495	4.13	4.51	-0.38	-141 114	-0.64	824.40	827.15	-25 000	-0.11
合计	220 288.864	154 169.412	100.00	100.00	0.00	3 242 239	14.72	696.33	660.10	4 740 337	21.52

率调整电价。

（1）分类电价的影响。分类电价构成的高低，首先与准确界定客户用电性质、保证国家电价政策执行到位有着密不可分的联系；其次，受行业分类电量构成比例的影响也较大，它与整个供电区域范围内产业政策引导、产业结构、经济发达程度、消费观念及水平、气候因素对农业的影响等有着很大的关系。高电价行业分类电量越大，电量电价构成也越高；反之，低电价行业分类电量越大，分类电价构成也越低。

分类电价变化对平均电价的影响=（本期分类电量电价−基期分类电量电价）×
本期分类售电量/本期总售电量

（2）基本电价的影响。基本电价对平均电价的影响按下式计算
基本电价对平均电价的影响=基本电费/总售电量
其中基本电费=按容量计收的基本电费+按需量计收的基本电费

基本电费收入的多少，与当年当地新增并已投产执行两部制电价的客户数量有关，而且受执行两部制电价客户基本电费的计费方式即按容量还是按需量计费的影响较大。

计算基本电价占平均电价比重的高低，不仅与基本电费收入的多少有关，而且与供电区域范围内全口径售电量的多少有关。

基本电价对本期平均电价的影响=本期基本电费/本期总售电量−
基期基本电费/基期总售电量
本期（基期）基本电费=本期（基期）按容量计收的基本电费+
本期（基期）按需量计收的基本电费
基本电价变化对平均电价的影响=（本期分类基本电价−基期分类基本电价）×
本期分类售电量/本期售电量

（3）峰谷电价的影响。峰谷电价对平均电价的影响按下式计算：
峰谷电价对平均电价的影响=∑峰谷电费盈亏额/总售电量

峰谷电费盈亏额与应执行峰谷电价客户按政策执行到位情况以及生产班次、调荷水平有关，但有些用电类别的用电时间是不可逆转的，如商业和照明等用电类别的用电时间是不可逆转的。

峰谷电价对本期平均电价的影响按下式计算
峰谷电价对本期平均电价的影响=∑（本期峰谷电费盈亏额）/
本期（基期）按需量计收的基本电费
本期（基期）峰谷电费盈亏额=峰段电费盈金额−谷段电费亏金额
峰谷电价变化对平均电价的影响=（本期分类峰谷电价−基期分类峰谷电价）×
本期分类售电量/本期售电量

（4）功率因数调整电费的影响。功率因数调整电费对售电均价的影响按下式计算

功率因数调整电费对平均电价的影响=∑功率因数调整电费/总售电量

功率因数调整电费收入与执行功率因数考核客户的用电设备的合理使用状况、电能的利用程度和用电的管理水平有关。

功率因数调整电费对本期平均电价的影响按下式计算

功率因数调整电费对本期平均电价的影响=∑本期功率因数调整电费/本期总售电量－
∑基期功率因数调整电费/基期总售电量

对平均电价进行分析时，应从最基础的统计单位分析，即对从不同用电类别的电压等级分析，然后求和得出这一用电类别对平均电价的影响情况。

经过以上对平均电价的细化分析，可以找出电价异常原因，根据原因有效地制定销售策略。

二、提高平均电价的主要措施

通过对平均电价的分析、计算，可以看出对售电电价产生影响的因素是多方面的。为实现平均电价在政策允许范围内的有效提高，在营业过程中可以重点采取以下措施。

（1）大工业客户基本电费的计收。准确界定客户的用电性质，确定报装容量或最大需量，凡符合现行电价政策规定的，应严格按标准执行两部制电价。

（2）严格按照国家权限部门的规定，对执行优待电价的几种工业产品用电认真核定。

（3）对城乡居民生活用电、非居民照明用电、商业用电，按规定正确进行区分，不得随意混淆，防止高价低收。

（4）对灯力比的划分要恰当。对农村用电灯力比的划分，要随季节调整；对趸售户各类用电比例，要调查后确定。

（5）积极推行峰谷分时电价，认真执行功率因数电费调整办法。

【例 13-1-1】售电均价主要是从售电结构和售电单价两方面进行分析。通过分析售电结构变化对售电均价的影响、分类电价变化对售电均价的影响，找出电价变化的真正原因，进一步提出改进的措施。

表 13-1-2、表 13-1-3 分别是某供电企业的售电结构表和售电单价比对表。

表 13-1-2　　　　　　　　　　某供电企业售电结构表

项目	合计	大工业	非普工业	农业	居民	商业	其他照明
售电量（MWh）	203 660	82 642	85 939	1867	28 913	4257	43
占售电量比例（%）	100	40.58	42.20	0.92	14.20	2.09	0.02

续表

项目	合计	大工业	非普工业	农业	居民	商业	其他照明
基期售电量（MWh）	167 264	60 125	78 077	1810	23 622	3598	35
占总电量比例（%）	100	35.95	46.68	1.08	14.12	2.15	0.02

表 13-1-3　　　　　　　　　　某供电企业售电单价比对表

项目	合计	大工业	非普工业	农业	居民	商业	其他照明
售电收入（千元）	11 5547.7	42 130.47	56 249.33	645.47	12 884.47	3617.72	20.25
本期售电单价（元/MWh）	567.36	509.79	654.53	345.73	445.63	849.83	470.93
基期售电量（MWh）	167 264	60 125	78 077	1810	23 622	3598	35
基期售电单价（元/MWh）	572.86	508.30	654.00	346.07	444.16	850.45	472.00
基期电费（千元）	95 818.67	30 561.54	51 062.36	626.39	10 491.95	3059.92	16.52
用电结构影响售电均价（元/MWh）	-6.52	-2.99	-3.64	0.38	-0.10	-0.17	0.00
分类电价影响售电均价（元/MWh）	1.02	0.61	0.22	0.00	0.21	-0.01	0.00

1. 售电结构变化的分析

大用户用电结构对售电均价的影响为

$$(40.58\%-35.95\%)\times(508.30-572.86)=-4.63\%\times64.56=-2.99（元/MWh）$$

同理得出其他用电分类比例变化对售电均价的影响。

2. 售电单价变化的分析

大用户售电单价对售电均价的影响为

$$(509.79-508.30)\times82\,642/203\,660=0.61（元/MWh）$$

同理得出其他用电分类电价变化对售电均价的影响。

售电单价变化对售电均价的影响，还应从售电收入的组成上进行进一步的分解。从目前销售电价执行政策上，可将售电单价分解为电量电价、基本电价、峰谷电价、功率因数调整电价。

对售电均价进行分析时，应从最基础的统计单位分析，即对从不同的用电类别的电压等级分析，然后求和得出这一用电类别对售电均价的影响情况。

【思考与练习】

1. 售电单价可分解为哪些电价？
2. 基本电费收入与什么有关？
3. 功率因数调整电费收入与什么有关？
4. 提高平均电价的主要措施有哪些？

第十四章

电力销售状况分析

◢ 电力销售状况分析（Z35G5001Ⅲ）

【模块描述】本模块包含电力销售状况的一般分析知识。通过基本知识和售电经济分析的常用方法介绍，了解电力销售状况分析内容、方法。

【模块内容】

电力营销统计与分析就是通过对影响销售利润的相关用电指标如售电量、售电收入、销售平均电价等分析，预测行业经济发展趋势，得到反映社会经济现象和用电状况总体的统计指标，并最终实现提高企业的经济效益的目的。

一、电力营销统计的指标

1. 供电量

供电量是供电企业供电生产活动的全部投入量。计算公式为

供电量=厂供电量+外购电量+电网送入电量-向电网输出电量

2. 售电量

售电量是电力企业销售给用户用于直接消费的电量。

3. 用电量

用电量是国民经济各行各业及城乡居民消费的电量。它包括电力企业售电量与自备电厂自发自用电量及其售给附近用户电量之和。它是考察电力消费去向，作为电力分配依据的重要指标。

4. 电力销售平均电价

电力销售平均电价是售电收入与售电量的比值。由于售电收入有含税、不含税两种形式，因此，对应的销售平均电价也有含税、不含税两种形式。另外，目前的统一销售电价中包含了代征的国家重大水利工程建设基金、城市公用事业附加、国家大中型水库移民后期扶持资金、可再生能源电价附加、地方小型水库移民后期扶持资金等，所以售电收入又可分为扣除代征费用、全口径售电收入两种，相对应也有两个口径的售电平均电价。其单位通常用元/kWh、元/MWh，具体选用哪个作为平均电价的单位，

须根据统计分析要求，但同一张报表中只能选用一种。

5. 线损率

有功电能损失电量与供电量之比，称为线损率。计算公式为

$$线损率=损失电量/供电量×100\%$$

二、售电分析主要内容

电力营销统计与分析是供电企业对一定时期内电力销售情况进行综合比较、分析，通过分析找出售电量、售电收入、平均电价、用电结构、电费回收率的变化趋势，从而达到增收堵漏、增供促销、提高经济效益的目的。同时也是客观认识企业的经济活动，进行科学管理的一个重要方法。另外，通过分析，还可了解社会用电发展的规律及趋势，为领导决策、制定电力发展规划和价格政策提供依据。

电力企业营销部门按统计学原理，完成对各类经营指标的统计、分析工作。通过统计、分析帮助自己发现在工作中出现的问题和差距，为下一步工作奠定基础。

1. 电力营销统计与分析工作的依据

（1）各行业的用电情况。

（2）历年来各行业用电情况总量指标值、平均指标数据和相对指标数据。

（3）售电经济分析工作经常会使用以下报表：

1）分类用电影响平均电价一览表；

2）售电统计一览表；

3）电费回收统计表；

4）电力销售电价电费明细统计表；

5）国民经济行业用电分类统计表。

2. 电力营销统计与分析的主要内容

根据各地实际和其他相关部门的需要，目前电力企业电力营销统计、分析主要包括以下内容：

（1）平时必须做好段报、日报、月报、季报（累计）、年报的统计工作，要求准确、及时、全面系统地提供行业用电性质分类的电力销售资料。

（2）及时掌握大型企业的用电变化、生产检修的安排、生产设备增减。

（3）天气气候的变化以及与同期比较。

（4）电力销售情况明细表与国民经济行业用电分类统计表之间的对应关系。

（5）分析中查找出各因素影响的比重，各分类平均电价与总平均电价的关系。

（6）对于比重大的分类用电及大电量用户用电情况要作典型分析。

（7）基本电费按变压器容量、最大需量计费的变化对比，升降原因说明，占分类平均电价中含量的变化对比分析。

（8）功率因数调整电费占分类平均电价中含量的变化对比分析。

（9）用电营业检查中追补电费情况。

（10）新电价政策的出台，对售电平均电价的影响说明。

（11）优待用电、惩罚性电价执行用户生产的电量变化分析。

（12）电费回收情况的对比分析，重点欠费用户行业的变化、动态等，下一步电费工作的重点、方向等。

（13）下一步工作重点及工作打算。

3. 电力营销统计与分析的种类

为及时系统了解和掌握电力销售情况，必须定期或不定期对电力销售情况进行以下几类分析：

（1）全面分析。对分析期内的所有售电数据进行分析、比较，找出存在问题，提出措施和建议。

（2）典型分析。对某一类或一个客户进行剖析，找出其电费、电量构成变化的原因。

（3）异常情况分析。对一些电量电费变化异常或发生特殊问题的客户进行分析，发现实际工作中可能存在的问题。

（4）专题分析。对某一问题或电价调整的影响等进行深入细致的分析。

4. 售电量统计及分析主要内容

售电量统计及分析主要包括：

（1）售电量指标的完成情况。

（2）分析售电量和分类售电量变化及原因。

（3）目前采取的增供促销措施对售电的影响。

（4）当前的一些政策对售电量变化的影响。

（5）重点用户的跟踪分析。

（6）宏观政策及重大事件对售电量的影响等内容。

5. 平均电价变化情况分析的主要内容

平均电价变化情况分析主要包括：

（1）平均电价指标的完成情况。

（2）分析分类用电的售电单价的变化情况。

（3）分析基本电费、电度电费、峰谷电价、功率因数调整等对售电平均电价的影响。

（4）优惠电价执行前后售电量、售电收入变化分析。

（5）大客户、高能耗企业变化情况对售电收入的影响。

（6）产业政策与市场变化售电量、售电收入的影响等。

6. 电费回收情况分析的主要内容

电费回收情况分析应包括：

（1）电费回收情况。

（2）各行业欠费情况。

（3）主要欠费户欠费情况。

（4）宏观政策及重大事件对电费回收的影响。

（5）欠费原因分析及需采取的措施。

7. 提高平均电价的措施

（1）按月、季、年度正常开展电力销售分析，及时发现、解决问题，为提高经济效益提供依据。

（2）严格执行基本电费和功率因素计收标准，杜绝少收现象。

（3）严格执行优待电价执行政策，禁止扩大优待范围。

（4）经常开展营业普查，防止跑、冒、滴、漏。

8. 工作质量的统计与分析

（1）抄收"三率"（电能表实抄率、差错率与电费回收率）完成情况及分析。

（2）产生经济事故情况分析。

（3）欠电费停电情况分析。

（4）其他工作质量情况。

（5）社会服务承诺和客户满意率分析。

三、售电经济分析的常用方法

1. 绝对值比较法

绝对值比较法是用实际值与标准值的比较，标准值是指分析人选定作为衡量效益基础水平的数据，可以用计划数、上期实际数、目标数、全公司平均水平数等。

例如可用绝对值比较法进行平均电价、售电量分析。

平均电价的增减数=本期平均电价实际数–对比期平均电价实际数

售电量的增减数=本期售电量实际数–对比期售电量实际数

2. 相对值比较法

企业经济活动的效益好坏，主要通过差异来体现，差异只有经过比较才能确定。如果仅仅运用一项指标，不能全面正确的判断和评价，因此，通常是用绝对数结合相对数两个指标一起来分析、评价。

这里的标准数，在供电公司作售电经济分析时，经常采用的数值是对比期的实际数、计划数、去年同期实际数等，计算的结果与同行业先进水平、历史水平比较。

相对值比较法在售电分析时的运用如下：

售电量的增减率（%）=（本期售电量实际数−去年同期售电量实际数）/
去年同期售电量实际数×100%

售电量的增减率（%）与同行业先进水平、与去年同期实际水平、与计划相比，通过分析比较，知道有时本期实际水平虽然达到同行业先进水平，但是尚未达到历史最高水平；因此，本公司生产营销情况还有潜力，为下一步工作明确了方向。

电价含量变化的对比分析：电价含量是指各类售电平均电价中，电度电费、功率因数调整电费、基本电费与各类用电的比率变化对比分析，可以和去年同期比较增、减分析。

3．结构分析法

结构分析法是研究售电经济活动多因素组合效益分析的技术方法，是为探求结构效益服务的。

结构分析的技术方法很多，常用的有：因素组合模型法、标准结构法、价值分析法、分类重点管理法（又称 ABC 分析法）等，但最简单实用的是结构百分比法。

结构百分比法就是用计算结构百分比和编制结构分析的形式，来研究经济总体中的各个部分的最佳数量构成比例，分析结构变化趋势，考察结构变动中的问题，区分主次，以便调整经济活动中各部分的比例关系，抓住重点，力争取得最佳效益。

结构分析用的数据叫作结构相对数，一般用百分数表示，计算模型如下

结构（%）=部分/总体×100%

四、做好售电经济分析的具体要求

（1）建立健全统计制度，做好基础工作，收集、整理当期和历史数据资料。

（2）坚持实事求是的科学态度，确保统计数据准确、齐全。

（3）协调内部各部门关系，建立正常联系制度，做到渠道畅通、信息及时可靠，分析工作要形成制度，定期开展。

（4）应符合经济规律，根据市场的变化和国家产业政策，用市场的观点来做好分析工作。

（5）加强对基层分析人员的培训工作，发动全体营销人员参与分析。学会在日常工作中发现问题，及时进行分析。

【例 14-1-1】售电量分析。主要是完成按行业分类的用电情况分析，通过对各行业的用电量的统计分析，找出影响企业的售电量增加（减少）的原因，有针对性地开展增供扩销工作。某供电公司的全行业电力销售情况统计表见表 14-1-1。

表 14-1-1 　　　　　　　×× 供电公司全行业电力销售情况统计表

行业名称	本月用电量（万 kWh）	去年同期用电量（万 kWh）	增长率（%）	本月累计用电量（万 kWh）	去年同期累计用电量（万 kWh）	增长率（%）
全社会用电总计	22 028.89	15 416.94	42.89	135 806.39	115 991.36	17.08
A. 全行业用电总计	19 046.24	12 959.87	46.96	117 645.74	100 123.25	17.5
第一产业	1469.37	1175.52	25	5313.65	4198.51	26.56
第二产业	16 195.18	10 734.9	50.86	104 545.82	89 047.57	17.4
第三产业	1381.69	1049.45	31.66	7786.24	6877.17	13.22
B. 城乡居民生活用电量合计	2982.65	2457.07	21.39	18 160.66	15 868.1	14.45
其中：城镇居民	957.62	762.96	25.51	5943.06	5222.9	13.79
乡村居民	2025.03	1694.11	19.53	12 217.62	10 645.21	14.77
全行业用电分类	19 046.24	12 959.87	46.96	117 645.74	100 123.25	17.5
一、农、林、牧、渔业	1469.37	1175.52	25	5313.65	4198.51	26.56
1. 农业	1174.56	837.93	40.17	4529.88	3326.86	36.16
2. 林业	3.24	1.98	63.64	21.41	10.94	95.7
3. 畜牧业	20.73	20.86	−0.62	127.02	109.36	16.15
4. 渔业	6.17	4.5	37.11	23.35	13.72	70.19
5. 农、林、牧、渔服务业	264.66	310.26	−14.7	611.98	737.64	−17.04
其中：排灌	250.12	296.69	−15.7	539.97	668.45	−19.22
二、工业	16 081.84	10 566.14	52.2	103 132.68	87 726.72	17.56
1. 轻工业	3617.34	2277.59	58.82	23 464.53	20 817.01	12.72
2. 重工业	12 464.5	8288.55	50.38	79 668.17	66 909.69	19.07
（一）采矿业	1.31	8.47	−84.53	17.15	45.62	−62.41
1. 煤炭开采和洗选业	0.02	0.01	100	0.71	0.65	9.23
2. 石油和天然气开采业	0.05	0	0	0.24	0.09	166.67
3. 黑色金属矿采选业	0	7.21	−100	2.86	30.91	−90.75
4. 有色金属矿采选业	0	0	0	0	0	0
5. 非金属矿采选业	1.24	1.25	−0.8	13.35	13.96	−4.37
6. 其他采矿业	0	0	0	0	0	0
（二）制造业	15 864.55	10 395.45	52.61	101 752	86 531.53	17.59

续表

行业名称	本月用电量（万 kWh）	去年同期用电量（万 kWh）	增长率（%）	本月累计用电量（万 kWh）	去年同期累计用电量（万 kWh）	增长率（%）
1. 食品、饮料和烟草制造业（轻）	297.94	238.4	24.97	1990.41	1847.08	7.76
其中：农副食品加工业	105.42	103.06	2.29	957.08	882.57	8.44
2. 纺织业（轻）	195.46	140.2	39.42	845.92	802.15	5.46
3. 服装鞋帽、皮革羽绒及其制品业（轻）	71.82	69.05	4.01	499.77	461.44	8.31
4. 木材加工及制品和家具制造业	277.93	277.08	0.31	2381.37	1399.58	70.15
其中：轻工业	152.04	126.95	19.76	1433.88	595.58	140.75
5. 造纸及纸制品业（轻）	8.07	8.47	−4.72	70.63	66.02	6.98
6. 印刷业和记录媒介的复制（轻）	3.55	3.35	5.97	23.59	24.5	−3.71
7. 文体用品制造业（轻）	2.48	1.99	24.62	12.9	13.91	−7.26
8. 石油加工、炼焦及核燃料加工业	0.31	0.33	−6.06	1.74	1.49	16.78
9. 化学原料及化学制品制造业	3183.7	1873.56	69.93	19 805.11	13 896.76	42.52
其中：轻工业	122.33	90.95	34.5	668.58	491.5	36.03
氯碱	0	0	0	0	0	0
电石	0	0	0	0	0	0
黄磷	0	0	0	0	0	0
肥料制造	4.25	4.44	−4.28	38.95	32.39	20.25
10. 医药制造业（轻）	451.46	297.29	51.86	2603.59	2426.71	7.29
11. 化学纤维制造业（轻）	0	0	0	0	0.01	−100
12. 橡胶和塑料制品业	54.2	41.42	30.85	391.92	316.41	23.86
其中：轻工业	5.19	2.28	127.63	47.04	28.07	67.58
13. 非金属矿物制品业	137.2	136.02	0.87	1067.07	1039.36	2.67
其中：轻工业	0.03	0.01	200	0.28	0.11	154.55
水泥制造	0	0	0	0	0	0
14. 黑色金属冶炼及压延加工业	7831.13	5810.98	34.76	51 347.33	45 660.87	12.45

续表

行业名称	本月用电量（万 kWh）	去年同期用电量（万 kWh）	增长率（%）	本月累计用电量（万 kWh）	去年同期累计用电量（万 kWh）	增长率（%）
其中：铁合金冶炼	426.56	0	0	3955.7	2061.13	91.92
15. 有色金属冶炼及压延加工业	104.23	39.18	166.03	2492.69	2983.12	−16.44
其中：铝冶炼	0	0	0	0	0	0
16. 金属制品业	3082.09	1312.34	134.85	16 905.36	14 330.01	17.97
其中：轻工业	2148.94	1170.7	83.56	14 245.3	13 104.36	8.71
17. 通用及专用设备制造业	29.37	35.08	−16.28	318.61	335.38	−5
其中：轻工业	0	0	0	0	0	0
18. 交通运输、电气和电子设备制造业	119.34	98.59	21.05	882.25	868.24	1.61
其中：轻工业	49.15	21.21	131.73	189.2	232.96	−18.78
交通运输设备制造业	11.61	17.89	−35.1	167.34	240.88	−30.53
19. 工艺品及其他制造业（轻）	4.32	4.08	5.88	35.56	34.59	2.8
20. 废弃资源和废旧材料回收加工业	9.95	8.07	23.3	76.18	23.95	218.08
（三）电力、燃气及水的生产和供应业	215.97	162.22	33.13	1363.52	1149.55	18.61
1. 电力、热力的生产和供应业	27.1	25.77	5.16	171.81	167.02	2.87
其中：电厂生产全部耗用电量	0	0	0	0	0	0
线路损失电量	0	0	0	0	0	0
抽水蓄能抽水耗用电量	0	0	0	0	0	0
2. 燃气生产和供应业	25.33	2.06	1129.61	106.78	73.4	45.48
3. 水的生产和供应业	163.55	134.4	21.69	1084.94	909.14	19.34
其中：轻工业	104.56	102.67	1.84	797.84	688.08	15.95
三、建筑业	113.34	168.77	−32.84	1413.14	1320.87	6.99
四、交通运输、仓储和邮政业	77.38	60.52	27.86	453.81	359.06	26.39
1. 交通运输业	33.46	28.77	16.3	283.18	203.3	39.29
其中：城市公共交通业	2.96	2.37	24.89	20.36	19.98	1.9
管道运输业	0.3	2.05	−85.37	4.33	7.89	−45.12

续表

行业名称	本月用电量（万 kWh）	去年同期用电量（万 kWh）	增长率（%）	本月累计用电量（万 kWh）	去年同期累计用电量（万 kWh）	增长率（%）
电气化铁路	0	0	0	0	0	0
2. 仓储业	31.84	22.81	39.59	113.61	97.86	16.09
3. 邮政业	12.08	8.94	35.12	57.03	57.9	−1.5
五、信息传输、计算机服务和软件业	151.77	100.89	50.43	728.33	604.26	20.53
1. 电信和其他信息传输服务业	150.77	99.62	51.35	719.99	595.3	20.95
2. 计算机服务和软件业	0.99	1.27	−22.05	8.32	8.96	−7.14
六、商业、住宿和餐饮业	526.13	410.59	28.14	2676.08	2425.42	10.33
1. 批发和零售业	398.02	307.64	29.38	2020.67	1808.55	11.73
2. 住宿和餐饮业	128.12	102.95	24.45	655.43	616.86	6.25
七、金融、房地产、商务及居民服务业	133.35	96.88	37.64	868.52	702.8	23.58
1. 金融业	24.27	19.84	22.33	138.93	124.08	11.97
2. 房地产业	52.21	27.27	91.46	334.05	215.54	54.98
3. 租赁和商务服务业、居民服务和其他服务业	56.88	49.77	14.29	395.56	363.19	8.91
八、公共事业及管理组织	493.05	380.57	29.56	3059.49	2785.63	9.83
1. 科学研究、技术服务和地质勘查业	3.97	2.73	45.42	29.97	23.86	25.61
其中：地质勘查业	0	0	0	0	0	0
2. 水利、环境和公共设施管理业	42.02	33.41	25.77	330.65	291.45	13.45
其中：水利管理业	14.59	9.5	53.58	90.67	84.86	6.85
公共照明	23.25	21.74	6.95	212.9	194.72	9.34
3. 教育、文化、体育和娱乐业	98.64	78.32	25.94	891.23	798.27	11.65
其中：教育	76.51	51.62	48.22	754.18	635.33	18.71
4. 卫生、社会保障和社会福利业	138.48	122.47	13.07	758.21	739.58	2.52
5. 公共管理和社会组织、国际组织	209.95	143.64	46.16	1049.44	932.43	12.55

全县行业用电较去年同期增幅较大的有：

（1）工业用电增长 52.20%，净增电量 5515.7 万 kWh，占总增长电量的 90.62%，分析其分类，主要是黑色金属冶炼及压延加工业行业增幅达 34.76%，金属制品业行业增幅达 134.85%。

（2）信息传输、计算机服务和软件业增长 50.43%，净增电量 50.88 万 kWh。

（3）金融、房地产、商务及居民服务业增长 37.65%，净增电量 36.47 万 kWh。

建筑业用电出现负增长，主要原因是本年度内房地产行业不景气，建筑用电大幅度下降，故而出现同期电量的负增长。

【思考与练习】

1. 售电量、用电量、平均电价、线损率的含义是什么？

2. 电力营销统计与分析的种类有哪些？

3. 电费回收情况分析的主要内容是什么？

4. 售电经济分析的常用方法有哪些？

第四部分

电力营销相关法规及系统应用

第十五章

电力营销相关法规

▲ 模块 1 《中华人民共和国电力法》(Z35B5001 I)

【模块描述】本模块包含电力法的基本内容，通过对电力法的介绍，掌握电力法的基本原则和条款。

【模块内容】

电力法的基本内容：

（1）本法适用于中华人民共和国境内的电力建设、生产、供应和使用活动。

（2）电力事业应当适应国民经济和社会发展的需要，适当超前发展。国家鼓励、引导国内外的经济组织和个人依法投资开发电源，兴办电力生产企业电力事业投资，实行"谁投资谁收益"的原则。

（3）电力设施受国家保护，禁止任何单位和个人危害电力设施安全或非法侵占使用电能。

（4）电力建设、生产、供应和使用应当依法保护环境，采用新技术，减少有害物质排放，防治污染和其他公害。国家鼓励和支持利用可再生能源和清洁能源发电。

（5）电力建设企业、电力生产企业、电网经营企业依法实行自主经营、自负盈亏，并接受电力管理部门的监督。

（6）城市电网的建设与改造规划，应当纳入城市总体规划，城市人民政府应当按照规划，安排变电设施用地，输电线路走廊和电缆通道。

（7）电力投资者对其投资形成的电力享有法定权益。并网运行的，电力投资者有优先使用权，未并网的自备电厂，电力投资者自行支配使用。

（8）输变电工程、调度通信自动化工程等电网配套工程和环境保护工程，应当与发电工程项目同时设计、同时建设、同时验收，同时投入使用。

（9）电力建设项目使用土地，应当依照有关法律、行政法规的规定办理，依法征用土地的，应当依法支付土地补偿费和安置补偿费，做好迁移居民的安置工作。

（10）电力生产与电网运行应当遵循安全、优质、经济的原则。电网运行应当连续、稳定，保证供电可靠性。

（11）电力企业应当加强安全生产管理，坚持安全第一、预防为主的方针，建立健全安全生产责任制度。电力企业应当对电力设施定期进行检修和维护，保证其正常运行。

（12）电网运行实行统一调度、分级管理。任何单位和个人不得非法干预电网调度。

（13）国家提倡电力生产企业与电网、电网与电网并网运行。具有独立法人资格的电力生产企业要求将生产的电力并网运行的，电网经营企业应当接受。并网运行必须符合国家标准或电力行业标准。并网双方应当按照统一调度、分项管理和平等互利、协商一致的原则，签订并网协议，确定双方的权利和义务，并网双方达不成协议的由省级以上电力管理部门协商决定。

【思考与练习】

1. 电力法适应哪些范围？
2. 电力生产与电网运行应当遵循什么原则？
3. 电力建设项目使用土地有何规定？

模块 2　《电力供应与使用条例》(Z35B5002 Ⅰ)

【模块描述】本模块包含电力供应与使用条例的内容，通过介绍，了解电力供应与使用条例的内容。

【模块内容】

一、电力供应与使用

（1）国务院电力管理部门负责全国电力供应与使用的监督管理工作。

县级以上地方人民政府电力管理部门负责本行政区域内电力供应与使用的监督管理工作。

（2）电网经营企业依法负责本供区内的电力供应与使用的业务工作，并接受电力管理部门的监督。

（3）国家对电力供应和使用实行安全用电、节约用电、计划用电的管理原则。

（4）供电企业和用户应当根据平等自愿、协商一致的原则签订供用电合同。

（5）电力管理部门应当加强对供用电的监督管理，协调供用电各方关系，禁止危害供用电安全和非法侵占电能的行为。

二、供电营业区

（1）供电企业在批准的供电营业区内向用户供电。

供电营业区的划分，应当考虑电网的结构和供电合理性等因素。一个供电营业区内只设立一个供电营业机构。

（2）并网运行的电力生产企业按照并网协议运行后，送入电网的电力、电量由供电营业机构统一经销。

（3）用户用电容量超过其所在的供电营业区内供电企业供电能力的，由省级以上电力管理部门指定的其他供电企业供电。

三、供电设施

（1）地方各级人民政府应当按照城市建设和乡村建设的总体规划统筹安排城乡供电线路走廊、电缆通道、区域变电所、区域配电所和营业网点的用地。

供电企业可以按照国家有关规定在规划的线路走廊、电缆通道、区域变电所、区域配电所和营业网点的用地上架线、敷设电缆和建设公用供电设施。

（2）公用路灯由乡、民族乡、镇人民政府或者县级以上地方人民政府有关部门负责建设，并负责运行维护和交付电费，也可以委托供电企业代为有偿设计、施工和维护管理。

（3）供电设施、受电设施的设计、施工、试验和运行，应当符合国家标准或者电力行业标准。

（4）供电企业和用户对供电设施、受电设施进行建设和维护时，作业区域内的有关单位和个人应当给予协助，提供方便；因作业对建筑物或者农作物造成损坏的，应当依照有关法律、行政法规的规定负责修复或者给予合理的补偿。

四、电力供应

（1）用户受电端的供电质量应当符合国家标准或者电力行业标准。

（2）供电方式应当按照安全、可靠、经济、合理和便于管理的原则，由电力供应与使用双方根据国家有关规定以及电网规划、用电需求和当地供电条件等因素协商确定。

在公用供电设施未到达的地区，供电企业可以委托有供电能力的单位就近供电。非经供电企业委托，任何单位不得擅自向外供电。

（3）因抢险救灾需要紧急供电时，供电企业必须尽速安排供电。所需工程费用和应付电费由有关地方人民政府有关部门从抢险救灾经费中支出，但是抗旱用电应当由用户交付电费。

（4）申请新装用电、临时用电、增加用电容量、变更用电和终止用电，均应当到当地供电企业办理手续，并按照国家有关规定交付费用；供电企业没有不予供电的合理理由的，应当供电。供电企业应当在其营业场所公告用电的程序、制度和收费标准。

（5）供电企业应当按照国家标准或者电力行业标准参与用户受送电装置设计图

纸的审核，对用户受送电装置隐蔽工程的施工过程实施监督，并在该受送电装置工程竣工后进行检验；检验合格的，方可投入使用。

（6）供电企业应当按照国家有关规定实行分类电价、分时电价。

（7）用户应当安装用电计量装置。用户使用的电力、电量，以计量检定机构依法认可的用电计量装置的记录为准。用电计量装置应当安装在供电设施与受电设施的产权分界处。安装在用户外的用电计量装置由用户负责保护。

（8）供电企业应当按照国家核准的电价和用电计量装置的记录向用户计收电费。

用户应当按照国家批准的电价，并按照规定的期限、方式或者合同约定的办法交付电费。

五、电力使用

（1）用户不得有下列危害供电、用电安全，扰乱正常供电、用电秩序的行为：

1）擅自改变用电类别；

2）擅自超过合同约定的容量用电；

3）擅自超过计划分配的用电指标的；

4）擅自使用已经在供电企业办理暂停使用手续的电力设备，或者擅自启用已经被供电企业查封的电力设备；

5）擅自迁移、更动或者擅自操作供电企业的用电计量装置、电力负荷控制装置、供电设施以及约定由供电企业调度的用户受电设备；

6）未经供电企业许可，擅自引入、供出电源或者将自备电源擅自并网。

（2）禁止窃电行为。窃电行为包括：

1）在供电企业的供电设施上擅自接线用电；

2）绕越供电企业的用电计量装置用电；

3）伪造或者开启法定的或者授权的计量检定机构加封的用电计量装置封印用电；

4）故意损坏供电企业用电计量装置；

5）故意使供电企业的用电计量装置计量不准或者失效；

6）采用其他方法窃电。

六、供用电合同

（1）供电企业和用户应当在供电前根据用户需要和供电企业的供电能力签订供用电合同。

（2）供用电合同应当具备以下条款：

1）供电方式、供电质量和供电时间；

2）用电容量和用电地址、用电性质；

3）计量方式和电价、电费结算方式；

4）供用电设施维护责任的划分；

5）合同的有效期限；

6）违约责任；

7）双方共同认为应当约定的其他条款。

七、监督与管理

（1）电力管理部门应当加强对供电、用电的监督和管理。供电、用电监督检查工作人员必须具备相应的条件。供电、用电监督检查工作人员执行公务时，应当出示证件。

（2）在用户受送电装置上作业的电工，必须经电力管理部门考核合格，取得电力管理部门颁发的《电工进网作业许可证》，方可上岗作业。

承装、承修、承试供电设施和受电设施的单位，必须经电力管理部门审核合格，取得电力管理部门颁发的《承装（修）电力设施许可证》后，方可向工商行政管理部门申请领取营业执照。

八、法律责任

（1）违反本条例规定，有下列行为之一的，由电力管理部门责令改正，没收违法所得，可以并处违法所得5倍以下的罚款：

1）未按照规定取得《供电营业许可证》，从事电力供应业务的；

2）擅自伸入或者跨越供电营业区供电的；

3）擅自向外转供电的。

（2）逾期未交付电费的，供电企业可以从逾期之日起，每日按照电费总额的千分之一至千分之三加收违约金，具体比例由供用电双方在供用电合同中约定；自逾期之日起计算超过30日，经催交仍未交付电费的，供电企业可以按照国家规定的程序停止供电。

（3）违章用电的，供电企业可以根据违章事实和造成的后果追缴电费，并按照国务院电力管理部门的规定加收电费和国家规定的其他费用；情节严重的，可以按照国家规定的程序停止供电。

（4）盗窃电能的，由电力管理部门责令停止违法行为，追缴电费并处应交电费5倍以下的罚款；构成犯罪的，依法追究刑事责任。

（5）供电企业或者用户违反供用电合同，给对方造成损失的，应当依法承担赔偿责任。

（6）供电企业职工违反规章制度造成供电事故的，或者滥用职权、利用职务之便谋取私利的，依法给予行政处分；构成犯罪的，依法追究刑事责任。

【思考与练习】

1. 电力供应和使用实行什么管理原则？

2. 窃电行为有哪些？

3. 供用电合同应具备哪些条款？

▲ 模块 3 《供电营业规则》(Z35B5003 I)

【**模块描述**】本模块包含供电营业规则的主要内容，通过供电营业知识的介绍，掌握供用电双方的权利和义务，掌握确定供电方式、新装、增容、变更用电、受电设施建设与维护管理、计量与收取电费、供用电合同与违约责任的一般规则。

【**模块内容**】

一、供电方式

（1）供电企业供电的额定率为交流 50Hz。

（2）供电企业供电的额定电压：

1）低压供电：单相为 220V，三相为 380V；

2）高压供电：为 10、35（63）、110、220kV。

（3）用户单相用电设备总容量不足 10kW 的可采用低压 220V 供电。但有单台容量超过 1kW 的单相电焊机、换流设备时，用户必须采取有效的技术措施以消除对电能质量的影响，否则应改其他方式供电。

（4）用户用电设备容量在 100kW 及以下或需用变压器容量在 50kVA 及以下者，可采用低压三相四线制供电，特殊情况也可采用高压供电。用电负荷密度较高的地区，经过技术经济比较，采用低压供电的技术经济性明显优于高压供电时，低压供电的容量界限可适当提高。具体容量界限由省电网经营企业作出规定。

（5）对基建工地、农田水利、市政建设等非永久性用电，可供给临时电源。临时用电期限除经供电企业准许外，一般不得超过六个月，逾期不办理延期或永久性正式用电手续的，供电企业应终止供电。使用临时电源的用户不得向外供电，也不得转让给其他用户，供电企业也不受理其变更用电事宜。如需改为正式用电，应按新装用电办理。

（6）用户不得自行转供电。

（7）为保障用电安全，便于管理，用户应将重要负荷与非重要负荷、生产用电与生活区用电分开配电。新装或增加用电的用户应按上述规定确定内部的配电方式，对目前尚未达到上述要求的用户应逐步进行改造。

二、新装、增容与变更用电

（1）任何单位或个人需新装用电或增加用电容量、变更用电都必须按本规则规定，事先到供电企业用电营业场所提出申请，办理手续。供电企业应在用电营业场所公告办理各项用电业务的程序、制度和收费标准。

（2）供电企业的作用是营业机构统一归口办理用户的用电申请和报装接电工作，

包括用电申请书的发放及审核、供电条件勘查、供电方案确定及批复、有关费用收取、受电工程设计的审核、施工中间检查、竣工检验、供用电合同（协议）签约、装表接电等项业务。

（3）用户申请新装或增加用电时，应向供电企业提供用电工程项目批准的文件及有关的用电资料，包括用电地点、电力用途、用电性质、用电设备清单、用电负荷、保安电力、用电规划等，并依照供电企业规定的格式如实填写用电申请书及办理所需手续。新建受电工程项目在立项阶段，用户应与供电企业联系，新建工程供电的可能性、用电容量和供电条件等达成意向性协议，方可定址，确定项目。

（4）供电企业对已受理的用电申请，应尽快确定供电方案，在下列期限内正式书面通知用户：居民用户最长不超过 5 天；低压电力用户最长不超过 10 天；高压单电源用户最长不超过一个月；高压双电源用户最长不超过二个月。若不能如期确定供电方案时，供电企业应向用户说明原因。用户对供电企业答复的供电方案有不同意见时，应在一个月内提出意见，双方可再行协商确定。用户应根据确定的供电方案进行受电工程设计。

（5）用户新装或增加用电，在供电方案确定后，应国家的有关规定向供电企业交纳新装增容供电工程贴费（以下简称供电贴费）。

（6）供电方案的有效期，是指从供电方案正式通知书发了之日起至交纳供电贴费并受电工程开工日为止。高压供电方案的有效期为一年，低压供电方案的有效期为三个月，逾期注销。用户遇有特殊情况，需延长供电方案有效期的，应在有效期到期前 10 天向供电企业提出申请，供电企业视情况予以办理手续。但延长时间不得超过前款规定期限。

（7）有下列情况之一者，为变理用电。用户需变更用电时，应事先提出申请，并携带有关证明文件，到供电企业用电营业所办理手续，变更供用电合同：

1）用户减容，须在 5 天前向供电企业提出申请。

2）用户暂停，须在 5 天前向供电企业提出申请。

3）用户暂换（因受电变压器故障而无相同容量变压器替代，需要临时更换大容量变压器），须在更换前向供电企业提出申请。

4）用户迁址，须在 5 天前向供电企业提出申请。

5）用户连续 6 个月不用电，也不申请办理暂停用电手续者，供电企业须以销户终止其用电。用户需再用电时，按新装用电办理。

三、受电设施建设与维护管理

（1）供电设施的运行维护管理范围，按产权归属确定。责任分界点按下列各项确定：

1）公用低压线路供电的，以供电接户线用户端最后支持物为分界点，支持物属供电企业；

2）10kV 及以下公用高压线路供电的，以用户的厂界外或配电室前的第一断路器或第一支持物为分界点，第一断路器或第一支持物属供电企业；

3）35kV 及以上公用高压线路供电的，以用户厂界外或用户变电站外第一基电杆为分界点。第一基电杆属供电企业；

4）采用电缆供电的，本着便于维护管理的原则，分界点由供电企业与用户协商确定；

5）产权属于用户且由用户运行维护的线路，以公用线路支杆或专用线接引的公用变电站外第一基电杆为分界点，专用线路第一电杆属用户。在电气上的具体分界点，由供用双方协商确定。

（2）在供电设施上发生事故引起的法律责任，从供电设施产权归属上确定。产权归属于谁，谁就承担其拥有的供电设施上发生事故引起的法律责任，但产权所有者不承担受害者因违反安全或其他规章制度，擅自进入供电设施非安全区域内而发生事故引起的法律责任，以及在委托维护的供电设施上，因代理方发生事故引起的法律责任。

四、供电质量与安全供用电

（1）在电力系统正常状况下，供电频率的允许偏差为：

1）电网装机容量在 300 万 kW 及以上的，为±0.2Hz；

2）电网装机容量在 300 万 kW 以下的，为±0.5Hz。

在电力系统非正常状况下，供电频率允许偏差不应超过±1.0Hz。

（2）在电力系统正常状况下，供电企业供到用户受电端的供电电压允许偏差为：

1）35kV 及以上电压供电的，电压正、负偏差的绝对值之和不超过额定值的 10%；

2）10kV 及以下三相供电的，为额定值的±7%；

3）220V 单相供电的，额定值的+7%，−10%。在电力系统非正常状况下，用户受电端的电压最大允许偏差不应超过额定值的±10%。

（3）供电企业应不断改善供电是可靠性，减少设备检修和电力系统事故对用户的停电次数及每次停电持续时间。供用电设备计划检修应做到统一安排。供用电设备计划检修时，对 35kV 及以上电压供电用户的停电次数，每年不应超过一次；对 10kV 供电的用户，每年不应超过三次。

（4）除因故中止供电外，供电企业需对用户停止供电时，应按下列程序办理停电手续：

1）应将停电的用户、原因、时间报本单位负责人批准。批准权限和程序由省电网经营企业制定；

2）在停电前三至七天内，将停电通知书送达用户，对重要用户的停电，应将停电通知书送同级电力管理部门；

3）在停电前 30min，将停电时间再通知用户一次，方可在通知规定时间实施停电。

五、用电计量与电费计收

（1）供电企业应在用户每一个受电点内按不同电价类别，分别安装用电计量装置。每个受电点作为用户的一个计费单位。用户为满足内部核算的需要，可自行在其内部装考核能耗用的电能表，但该表所示读数不得作为供电企业计费依据。

（2）在用户受电点内难以按电价类别分别装设用电计量装置时，可装设总的用电计量装置，然后按其不同电价类别的用电设备容量的比例或实际可能的用电量，确定不同电价类别的用电量的比例或定量进行分算，分别计价。供电企业每年至少对上述比例或定量核定一次，用户不得拒绝。

（3）用电计量装置包括计费电能表（有功、无功电能表及最大需量表）和电压、电流互感器及二次连接线导线。计费电能表及附件的购置、安装、移动、更换、校验、拆除、加封、启封及表计接线等，均由供电企业负责办理，用户应提供工作的方便。高压及户的成套设备中装有自备电能表及附件时，经供电企业检验合格、加封并移交供电企业维护管理的，可作为计费电能表。用户销户时，供电企业应将该设备交还用户。

供电企业在新装、换装及现场校验后应对用电计量装置加封，并请用户在工作凭证上签章。

（4）用电计量装置原则上应装在供电设施的产权分界处。

（5）城镇居民用电一般应实行一户一表。

（6）供电企业必须按规定的周期校验、较换计费电能表，并对计费电能表进行不定期检查。

六、并网电厂

（1）在供电营业区建设的各类发电厂，未经许可，不得从事电力供应与电能经销业务。并网运行的发电厂，应在发电厂建设项目立项前，与并网的电网经营企业联系，就并网容量、发电时间、上网电价、上网电量等达成电量购销意向性协议。

（2）用户自备电厂应自发自供厂区内的用电，不得将自备电的电力向厂区外供电。自发自用有余的电量可与供电企业签订电量购销合同。自备电厂如需伸入或跨越供电企业所属的供电营业区供电的，应经省电网经营企业同意。

七、供用电合同与违约责任

（1）供用电合同的变更或者解除，必须依法进行。有下列情形之一的，允许变更或解除供用电合同：

1）当事人双方经过协商同意，并且不因此损害国家利益和扰乱供用电秩序；

2）由于供电能力的变化或国家对电力供应与使用管理的政策调整，使订立供用电合同时的依据被修改或取消；

3）当事人一方依照法律程序确定无法履行合同；

4）由于不可抗力或一方当事人虽无过失，但无法防止的外因，致使合同无法履行。

（2）用户供电企业规定的期限内未交清电费时，应承担电费滞纳的违约责任。电费违约金从逾期之日起计算至交纳日止。每日电费违约金按下列规定计算：

1）居民用户每日按欠费总额的千分之一计算；

2）其他用户：① 当年欠费部分，每日按欠费总额的千分之二计算；② 跨年度欠费部分，每日按欠费总额的千分之三计算；电费违约金收取总额按日累计收，总额不足 1 元者按 1 元收取。

（3）因电力运行事故引起城乡居民用户家用电器损坏的，供电企业应按《居民用户家用电器损坏处理办法》进行处理。

（4）危害供用电安全、扰乱正常供用电秩序的行为，属于违约用电行为。供电企业对查获的违约用电行为应及时予以制止。有下列违约用电行为者，应承担其相应的违约责任：

1）在电价低的供电线路上，擅自接用电价高的用电设备或私自改变用电类别的，应按实际使用日期补交其差额电费，并承担二倍差额电费的违约使用电费。使用起讫日期难以确定的，使用时间按三个月计算；

2）私自超过合同约定的容量用电的，除应拆除私增容设备外，属于两部制电价的用户，应补交私增设备容量使用月数的基本电费，并承担三倍私增容量基本电费的违约使用电费；其他用户应承担私增容量每千瓦（千伏安）50 元的违约使用电费。如用户要求继续使用者，按新装增容办理手续；

3）擅自超过计划分配的用电指标的，应承担高峰超用电力每次每千瓦 1 元和超用电量与现行电价电费五倍的违约使用电费；

4）擅自使用已在供电企业办理暂停手续的电力设备或启用供电封存的电力设备的，应停用违约使用设备。属于两部制电价的用户，应补交擅自使用或启用封存设备容量和使用月数的基本电费，并承担二倍补交基本电费的违约使用电费；其他用户应承担擅自使用或启用封存设备容量每次每千瓦（千伏安）30 元的违约使用电费。启用属于私增容被封存的设备的，违约使用者还应承担本条第 2 项规定的违约责任；

5）私自迁移、更动和擅自操作供电企业的用电计量装置、电力负荷管理装置、供电设施以及约定由供电企业调度的用户受电设备者，属于居民用户的，应承担每次 500

元的违约使用电费；属于其他用户的，应承担每次 5000 元的违约使用电费；

6）未经供电企业同意，擅自引入（供出）电源或将备用电源和其他电源私自并网的，除当即拆除接线外，应承担其引入（供出）或并网电源容量每千瓦（千伏安）500 元的违约使用电费。

（5）禁止窃电行为。窃电行为包括：

1）在供电企业的供电设施上，擅自接线用电；

2）绕越供电企业用电计量装置用电；

3）伪造或者开启供电企业加封的用电计量装置封印用电；

4）故意损坏供电企业用电计量装置；

5）故意使供电企业用电计量装置不准或失效；

6）采用其他方法窃电。

（6）供电企业对查获的窃电者，应予制止并可当场中止供电，窃电者应按所窃电量补交电费，并承担补交电费三倍的违约使用电费。拒绝承担窃电责任的，供电企业应报请电力管理部门依法处理。窃电数额较大或情节严重的，供电企业应提请司法机关依法追究刑事责任。

【思考与练习】

1. 用户申请新装或增加用电时应提供哪些客户资料？

2. 电力系统正常状况下，供电频率的允许偏差如何规定的？

3. 供电企业需对用户停止供电时如何操作？

4. 电费违约金应如何进行计算？

◢ 模块 4 《中华人民共和国合同法》（Z35B5004Ⅰ）

【模块描述】本模块包含合同的定义、订立、供用电合同条款等内容。通过概念描述、术语说明、要点归纳，掌握合同的基本知识。

【模块内容】学习合同知识是确保供用电合同质量的基础，本模块介绍合同的基本知识。

一、合同的定义

合同又称契约，《中华人民共和国合同法》（以下简称《合同法》）规定：合同是平等主体的自然人、法人、其他组织之间设立、变更、终止民事权利义务关系的协议。

平等主体：指合同双方当事人的法律地位是平等的，在合同的缔结和履行过程中，任何一方当事人都不能将自己的意志强加给另一方，合同双方是平等的法律关系，《合同法》就是一部调整平等主体之间的合同关系的法律。

二、合同的订立

当事人订立合同，应当具有相应的民事权利能力和民事行为能力。当事人依法可以委托代理人订立合同。

合同的内容由当事人约定，一般包括以下条款：

（1）当事人的名称或者姓名和住所。

（2）标的。

（3）数量。

（4）质量。

（5）价款或者报酬。

（6）履行期限、地点和方式。

（7）违约责任。

（8）解决争议的方法。

当事人可以参照各类合同的示范文本订立合同。

三、供用电合同

（1）供用电合同是供电人向用电人供电，用电人支付电费的合同。

（2）供用电合同的内容包括供电的方式、质量、时间，用电容量、地址、性质，计量方式，电价、电费的结算方式，供用电设施的维护责任等条款。

（3）供用电合同的履行地点，按照当事人约定；当事人没有约定或者约定不明确的，供电设施的产权分界处为履行地点。

（4）供电人应当按照国家规定的供电质量标准和约定安全供电。供电人未按照国家规定的供电质量标准和约定安全供电，造成用电人损失的，应当承担损害赔偿责任。

（5）供电人因供电设施计划检修、临时检修、依法限电或者用电人违法用电等原因，需要中断供电时，应当按照国家有关规定事先通知用电人。未事先通知用电人中断供电，造成用电人损失的，应当承担损害赔偿责任。

（6）因自然灾害等原因断电，供电人应当按照国家有关规定及时抢修。未及时抢修，造成用电人损失的，应当承担损害赔偿责任。

（7）用电人应当按照国家有关规定和当事人的约定及时交付电费。用电人逾期不交付电费的，应当按照约定支付违约金。经催告用电人在合理期限内仍不交付电费和违约金的，供电人可以按照国家规定的程序中止供电。

（8）用电人应当按照国家有关规定和当事人的约定安全用电。用电人未按照国家有关规定和当事人的约定安全用电，造成供电人损失的，应当承担损害赔偿责任。

【思考与练习】

1. 合同一般包括哪些条款？
2. 供用电合同应包括哪些内容？
3. 合同法中对交付电费有哪些规定？

◢ 模块 5 《供用电监督管理办法》(Z35B5005 I)

【模块描述】本模块包含供用电监督管理办法，通过介绍了解供用电监督管理办法。

【模块内容】供用电监督管理必须以事实为依据，以电力法律和行政法规以及电力技术标准为准则，遵循本办法的规定进行。

一、供用电监督管理的职责是：

（1）宣传、普及电力法律和行政法规知识。

（2）监督电力法律、行政法规和电力技术标准的执行。

（3）监督国家有关电力供应与使用政策、方针的执行。

（4）负责月用电计划审核和批准工作。

（5）协调处理供用电纠纷，依法保护电力投资者、供应者与使用者的合法权益。

（6）负责进网作业电工和承装（修、试）单位资格审查，并核发许可证。

（7）协助司法机关查处电力供应与使用中发生的治安、刑事案件。

（8）依法查处电力违法行为，并作出行政处罚。

（9）供用电监督人员在依法执行监督检查公务时，应出示《供用电监督证》。被检查的单位应接受检查，并根据监督人员依法提出的要求，提供有关情况、回答有关询问、协助提取证据、出示工作证件等。

二、监督检查人员资格

（1）各级电力管理部门应依法配备供用电监督管理人员。担任供用电监督管理工作的人员必须是经过国家考试合格，并取得相应任聘资格证书的人员。

（2）供用电监督资格由个人提出书面申请，经申请人所在单位同意，县以上电力管理部门推荐，接受专门知识和技能的培训，参加全国统一组织的考试，合格后发给《供用电监督资格证》。

（3）申请供用电监督资格者应具备下列条件：① 作风正派，办事公道，廉洁奉公；② 具有电气专业中专以上或相当学历的文化程度；③ 有三年以上从事供用电专业工作的实际经验和相应的管理能力；④ 经过法律知识培训，熟悉电力方面的法律、行政法规和电力技术的标准以及供用电管理规章。

（4）省级电力管理部门负责本行政区域内的供用电监督管理人员的资格申请、审查和专门知识及技能的培训工作。国务院电力管理部门负责供用电监督资格的全国统一考试，并对合格者颁发《供用电监督资格证》。

三、电力违法行为查处

（1）各级电力管理部门负责本行政区域内发生的电力违法行为查处工作。上级电力管理部门认为必要时，可直接查处下级电力管理部门管辖的电力违法行为，也可将自己查处的电力违法事件交由下级电力管理部门查处。对电力违法行为情节复杂，需由上一级电力管理部门查处更为适宜时，下级电力管理部门可报请上一级电力管理部门查处。

（2）电力管理部门对下列方式要求处理的电力违法事件，应当受理：

1）用户或群众举报的；

2）供电企业提请处理的；

3）上级电力管理部门交办的；

4）其他部门移送的。

（3）电力违法行为，可用书面和口头方式举报。口头方式举报的事件，受理人应详细记录并经核对无误后，由举报人签章。举报人举报的事件如不愿使用真实姓名的，电力管理部门应尊重举报人的意愿。

（4）电力管理部门发现受理的举报事件不属于本部门查处的，应及时向举报人说明，同时将举报信函或笔录移送有权处理的部门。对明显的治安违法行为或刑事违法行为，电力管理部门应主动协助公安、司法机关查处。《供用电监督管理办法》第五章行政处罚第二十三条违反《电力法》和国家有关规定，未取得《供电营业许可证》而从事电力供应业务者，电力管理部门应以书面形式责令其停止营业，没收其非法所得，并处以违法所得五倍以下的罚款。

（5）供电企业未按《电力法》和国家有关规定中规定的时间通知用户或进行公告，而对用户中断供电的，电力管理部门责令其改正，给予警告；情节严重的，对有关主管人员和直接责任人员给予行政处分。

（6）供电企业违反规定，减少农业和农村用电指标的，电力管理部门责令改正；情况严重的，对有关主管人员和直接责任人员给予行政处分；造成损失的，责令赔偿损失。

（7）电力管理部门对危害供电、用电安全，扰乱正常供电、用电秩序的行为，除协助供电企业追缴电费外，应分别给予下列处罚：

1）擅自改变用电类别的，应责令其改正，给予警告，再次发生的，可下达中止供电命令，并处以一万元以下的罚款；

2）擅自超过合同约定的容量用电的，应责令其改正，给予警告；拒绝改正的，可下达中止供电命令，并按私增容量每千瓦（或每千伏安）100 元，累计总额不超过五万元的罚款；

3）擅自超过计划分配的用电指标用电的，应责令其改正，给予警告，并按超用电力、电量分别处以每千瓦每次 5 元和每千瓦时 10 倍电度电价，累计总额不超过五万元的罚款；拒绝改正的，可下达中止供电命令；

4）擅自使用已经在供电企业办理暂停使用手续的电力设备，或者擅自启用已经被供电企业查封的电力设备的，应责令其改正，给予警告；启用电力设备危及电网安全的，可下达中止供电命令，并处以每次二万元以下的罚款；

5）擅自迁移、更动或者擅自操作供电企业的用电计量装置、电力负荷控制装置、供电设施以及约定由供电企业调度的用户受电设备，且不构成窃电和超指标用电的，应责令其改正，给予警告；造成他人损害的，还应责令其赔偿，危及电网安全的，可下达中止供电命令，并处以三万元以下的罚款；

6）未经供电企业许可，擅自引入、供出电力或者将自备电源擅自并网的，应责令其改正，给予警告；拒绝改正的，可下达中止供电命令，并处以五万元以下的罚款；

7）电力管理部门对盗窃电能的行为，应责令其停止违法行为，并处以应交电费五倍以下的罚款；构成违反治安管理行为的，由公安机关依照治安管理处罚条例的有关规定予以处罚；构成犯罪的，依照刑法第一百五十一条或者第一百五十二条的规定追究刑事责任。

【思考与练习】

1. 供用电监督管理的职责是什么？

2. 电力管理部门对危害供电、用电安全,扰乱正常供电、用电秩序的行为如何处罚？

3. 电力管理部门对哪些电力违法事件应当受理？

第十六章

电力营销业务应用系统应用

▲ 模块 1　电力营销业务应用系统基本知识（Z35D5001 I ）

【模块描述】本模块包含电力营销业务应用系统的定义和作用等基本知识。通过概念描述、术语说明、要点归纳，掌握营销业务应用系统的基本知识。

【模块内容】

一、电力营销业务应用系统定义

1. 信息

信息是用语言、文字、数字、符号、图像、声音、情景、表情、状态等方式传递的内容。在信息系统中，"信息"是指经过加工后的数据。

2. 系统

系统是由相互联系、相互作用的若干要素按一定的法则组成并具有一定功能的整体，也可以说是为了达到某种目的的相互联系的事物的集合。

系统有两个以上要素，各要素和整体之间、整体和环境之间存在一定的有机联系。系统由输入、处理、输出、反馈、控制五个基本要素组成。

3. 信息系统

一个系统输入的是数据，经过处理输出的是信息，这个系统就是信息系统。

4. 管理信息系统

从信息学的角度看，管理过程就是信息的获取、加工和利用信息进行决策的过程。管理工作的成败取决于能否做出有效的决策，而决策的正确与否在很大程度上取决于信息的质量。

管理信息是由信息的采集、传递、储存、加工、维护和使用六个方面组成的，任何地方只要有管理就必然有信息，如果形成系统就形成管理信息系统。

5. 电力营销业务应用系统

电力营销业务应用系统是建立在电力营销信息管理系统网络基础上，覆盖农电管理全过程的电力营销信息管理及信息处理系统。供电所不仅可以在本地局域网上使用电力营销业务应用系统完成农电管理业务，而且其各级主管部门可以远程监督、管理各下级业务单位农电管理业务情况，了解业务进度，为供电企业营业业务提供一个电力营销信息管理系统信息化管理工具，为管理人员提供供电营业信息和各类查询、统计分析数据。

二、电力营销业务应用系统的作用

电力营销业务应用系统投入运用以后，通过加强管理，能发挥以下作用：

（1）提升农电管理水平。电力营销业务应用系统可将日常工作全面纳入电力营销信息管理系统管理，实现农电管理规范化、科学化、现代化，提高工作效率；加快资金回收，加强管理，堵住漏洞。

（2）提供新的营销服务平台。可使管理流程规范统一、信息传递快捷通畅；系统还可以设立网上营业厅，通过互联网，用电客户可以便捷地了解安全用电常识、电力法规、电量电费、收费标准和缴纳电费。

（3）提供强大的管理手段。各种实时报表显示各项工作的进度，如电费回收进度，线损报表显示哪些线路、哪些台区线损偏高，有的放矢抓管理。

【思考与练习】

1. 运用电力营销业务应用系统能实现哪些功能？

2. 电力营销业务应用系统由哪些基本要素组成？

3. 电力营销业务应用系统的作用。

▲ 模块 2 电力营销业务应用系统各子系统介绍（Z35D5002 Ⅰ）

【模块描述】本模块包含电力营销业务应用系统各子系统的功能介绍，包括营销基础资料管理、抄核收业务、电费账务管理、计量管理、业扩与变更、线损管理等功能模块。通过概念描述、术语说明、要点归纳，掌握农电营销信息系统各子系统功能。

【模块内容】

按照供电所的业务范围和岗位责任，电力营销管理信息系统主要包括营销基础资料管理、抄核收业务、电费账务管理、计量管理、业扩与变更、线损管理等功能模块。

一、营销基础资料管理

1. 客户档案管理

保存和管理与客户有关的所有供电业务信息，具有客户信息新增、查询、删除、修改功能。

2. 供用电合同管理

根据客户及供电方案信息、合同模板或原有合同，生成合同文本内容，并能对合同文本进行编辑、生成输出，记录纸质合同文档存放位置及变更记录。具有供用电合同新签、变更、续签、补签、终止功能。

3. 台区和线路资料管理

对线路和台区基础数据维护和保存，这是电量电费和线损计算、统计必需的基础数据，具有线路、台区参数新增、查询、删除、修改等维护功能。

二、抄核收业务

1. 抄表

抄表业务主要包括以下工作环节：

（1）抄表派工。抄表派工主要是将抄表工作分派给抄表人员，包括客户表计抄录、供电台区表计抄录以及企业用户计量数据抄录等。抄表派工又分为纸质抄表派工单抄表和抄表机抄表。前者是将客户的名单（列表）生成在纸质工单上，抄表过程中将客户抄码记录在工单上；后者则将用户数据从营销系统中导入抄表机，抄表过程中只需将抄码输入抄表机即可，这种抄表方式能较好地控制抄表质量，随时发现营销过程的问题，提高抄表准确率，并能在抄表时给客户提供相关的电量电费情况。

（2）抄码录入。抄码录入是将抄表派工的工作结果录入营销管理信息系统的过程，针对上述两种抄表派工类别，抄码录入也分为两种情况：对于纸质工单抄表派工，须将用户本月抄码依次手工录入营销管理系统；对于抄表机抄表，只需将抄表机与电力营销信息管理系统连接，把数据上传即可。上传时间短，确保基础数据的准确。

2. 电费计算复核

电费计算复核业务包括以下工作环节：

（1）电费计算、复核。电费计算、复核是在系统中按相应设定的电费计算规则和电价种类，分公用变压器和专用变压器计算出每个用电客户的本月电量、电费，复核员再对计算出来的电费进行审核，确认后发行的过程，然后进入收费阶段。

电费计算环节中，营销系统应提供多种模板以适应不同计算的需要，如按比例分摊电量、固定电能等；另外根据专用变压器客户，也可提供相应的电费计算模板。

（2）复核客户电费。对客户电费的复核，是营销业务至关重要的一环，系统提供多种数据筛选和统计功能，筛选出电费数据变化较大的客户，帮助复核员快速审核数据，例如：

1）通过本月数据与上月数据比较，过滤出波动率大于 $n\%$ 的客户，n 值由复核员设定；

2）列出本月抄码低于上月抄码的客户，确认电能表是否翻度或换表；

3）按设定电量值将客户分组，并统计客户数和用电量、电费；

4）筛选出零用电客户。

（3）电费修改。对于已经审核发行的电费，如有特殊情况需要修改，需专人负责提供相应的抄码修改情况、电量冲减、电费追补的具体材料，并由主管部门负责审批。

（4）违约金管理。对于逾期不缴费的客户，系统自动计算违约金，通过履行相关的手续后，系统提供电费违约金减免功能。

3. 收费

营销管理信息系统提供多种收费方式，针对不同客户及供电区域的情况给出不同的缴费方式：如十分偏远且交通不便利的山区，采取电费走收的方式；对于客户相对较为集中的地区，可以采取坐收的方式；为方便客户及减少资源浪费，可以采取代收、代扣、托收的收费方式；对于电费回收风险较大的客户，可以采取预购电等方式。

对所有电费发票和收据进行统一的规范化管理，记录所有进出单位的各类票据票号及票据使用情况，具有登记领用、生成记录、查询统计功能。

三、电费账务管理

传统的账务管理，营销与财务在电费管理上时有脱节，营销人员缺乏相关的财务专业知识，财务部门不能准确得到营销数据，造成营销与财务电费账务不一致。营销管理信息系统较好地解决了这一问题。

1. 生成报表

系统对收费员的每一笔电费自动归类，实时生成报表，月末关账后固定数据，自动生成本月电费、预存电费、陈欠电费相关数据，同时系统自动辅助复核，确保各类数据的准确无误，并根据财务对电费统计报表的要求，系统每月实收电费及欠费能按照基本电费、电度电费等方式分类。

2. 收费管理

系统按收费员、时间段提供收费查询，对"日清日结"制度提供良好的技术平台。另外，可以按月份分台区、线路、供电所、县公司、市公司逐级统计客户电费回收率报表，可以按回收率对供电所和台区排名，可以按回收率对台区进行筛选，具备欠费统计、查询、催缴及欠费停电功能等。

四、计量管理

1. 计量流程管理

流程管理即对从计量资产校验入库，然后配送到各单位，再装配给用户的过程进行管理，确保计量资产数据库数据完整。包括计量资产入库、县公司分配、供电所领用及计量资产退回等工作流程。

2. 计量资产管理

计量资产管理是对供电所使用的所有计量器具（包括电能表、电流互感器、电压互感器、封印钳、封签）进行管理，系统提供各种查询方式，方便查询各计量资产设备的信息，并能根据各种条件统计计量资产的数据。另外，根据计量装置的有效期，自动提示轮换周期等信息。

五、业扩与变更

1. 业务扩充

业务扩充是指根据用户的用电申请制定可行的供电方案，组织工程验收、装表接电，与客户签订供用电合同，建立起客户与供电企业的供用电关系。

主要包括以下工作流程：用电申请、受理申请、现场勘查、提出并确定供电方案、装表接电、签订供用电合同及有关协议、资料建档。

2. 变更用电

在不增加用电容量和供电回路的情况下，客户由于自身经营、生产、建设、生活等变化而向供电企业申请，要求改变由供用电双方签订的《供用电合同》中约定的有关用电事宜的行为。

低压业务变更用电主要有以下业务：故障表计轮换、周期换表、容量变更换表、更名或过户、迁址、销户等。

六、线损管理

营销管理信息系统具有线损计算、分析、统计等功能。

1. 线损计算

计算出当月和本年累计的低压、高压、综合线损，为线损统计和线损分析提供有力的数据支持。

2. 线损指标设置

给每个单位设置线损相关的数据指标，用实际线损率与指标比较，反映出线损管理水平上升或下降幅度，找出差距和不足，是考核线损的主要依据。

3. 线损分析

线损分析是指根据线损计算的结果，以及线损指标数据，对各级单位的线损情况进行分析，找到线损管理中的不足，为下一阶段节能降损工作指明重点和方向。

4. 线损统计

按月，分市、县、所、线路、台区统计低压、高压、综合损失电量，低压、高压、综合损失率，以及本月与本年指标、与上月线损率、与去年同期线损率的比较，累计与本年指标、与上年同期的比较。

根据线损率对县总站、供电所、线路、台区排名，根据指定线损率范围筛选台区、线路、所，统计数量。

【思考与练习】

1. 电力营销管理信息系统主要包括哪些功能？

2. 电力营销管理信息系统一般应能提供哪些收费方式？

3. 电费计算复核业务包括哪些工作环节？

▲ 模块3　电力营销业务应用系统应用（Z35D5003Ⅰ）

【模块描述】本模块包含电力营销业务应用系统的操作应用，包括电费账务管理功能模块。通过概念描述、术语说明、要点归纳，掌握电力营销业务应用系统的操作应用。

【模块内容】

1. 退费管理

对多收、重收等错收情况以及退预收款、负电费等情况，通过各种方法经过申请、审批把款项退给用电客户，如图16-3-1所示。

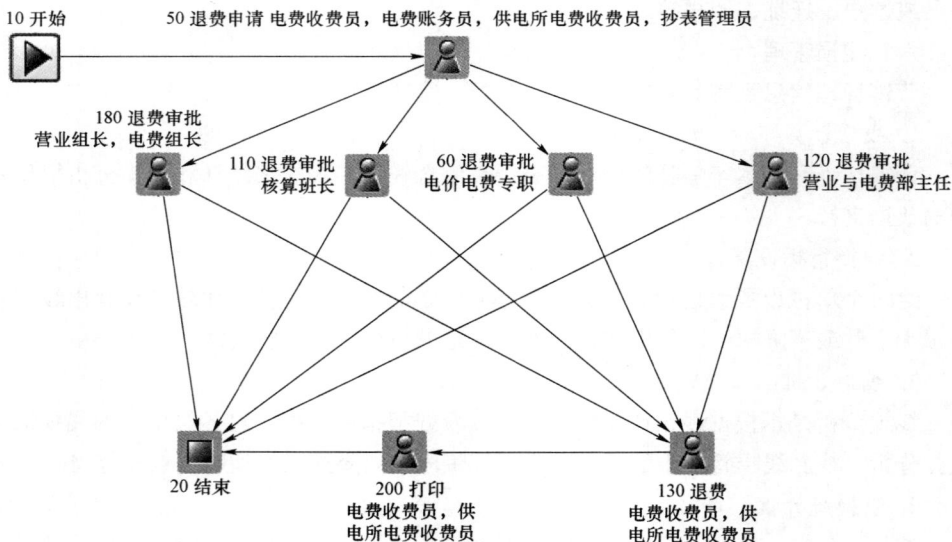

图16-3-1　退费管理

（1）退费申请。提供对多收、重收等错收情况和退预收款、负电费等情况，根据客户身份证件，张冠李戴错收的电费发票，申请退款的功能。

操作过程描述：

1）启动程序，进入"退费申请页面"，如图16-3-2所示，选择『退费方式』、『退费类型』、『客户编号』、『日期』，点击【查询】按钮，系统根据查询条件组合，显示相应的客户缴费信息。

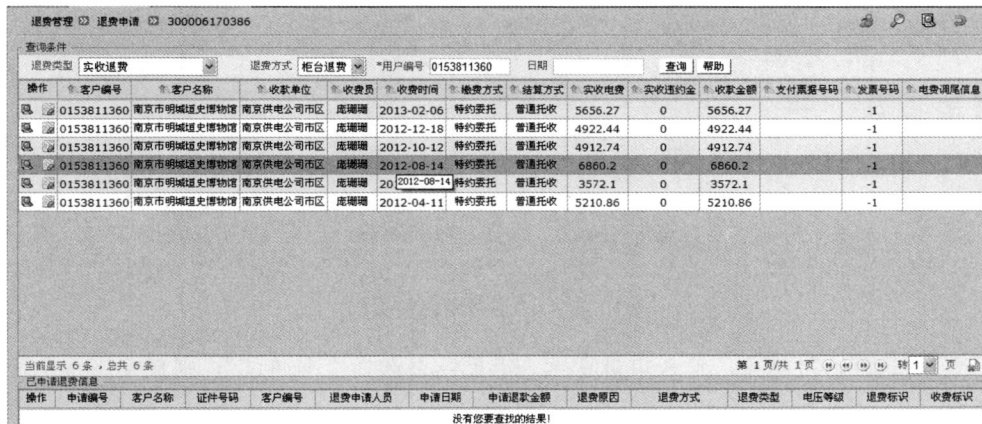

图 16-3-2 "退费申请"页面

2）其中，『退费方式』分为柜台退费、财务退费；『退费类型』分为错收退费、退预收款等。

3）选中一条记录，点击【退费申请】按钮，弹出"退费申请信息"页面，如图 16-3-3 所示，输入『退款原因』，点击保存按钮。

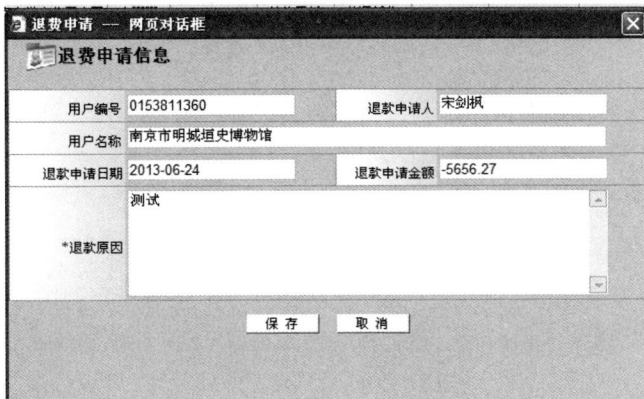

图 16-3-3 "退费申请信息"页面

4）点击【任务传递】按钮，系统按照流程设置，将流程传递到下一个环节。

（2）退费审批。提供根据申请人员的退款方案，决定方案是否合理，进行审批的功能。

1）启动程序，进入"退费审批"页面，如图 16-3-4 所示。

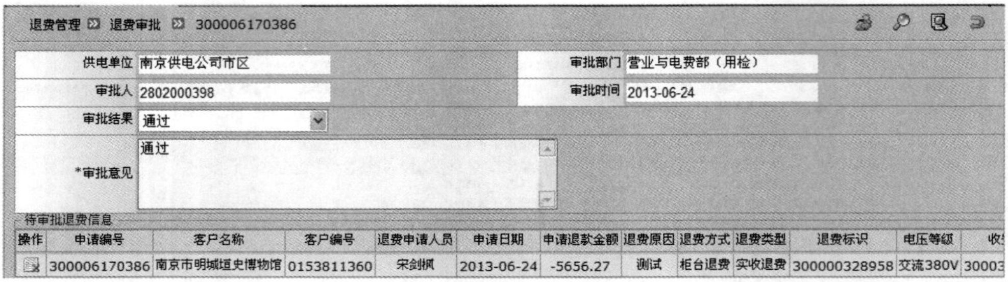

图 16-3-4 "退费审批"页面

2）选择审批结果，输入审批意见。审批结果选择"不通过"，则直接终止退费流程。

3）点击【任务传递】按钮，系统按照流程设置，将流程传递到下一个环节。

（3）退费：提供根据领导批准的退款方案，退现金或者支票给用户的功能。

1）启动程序，进入"退费"页面。系统显示审批通过的退费记录，如图 16-3-5 所示。按退款金额显示，退现金或者支票给用户。

图 16-3-5 "退费"页面

2）点击【任务传递】按钮，系统按照流程设置，将流程传递到下一个环节。

（4）生成：提供退费票据生成的功能。

1）启动程序，进入"生成"页面，如图 16-3-6 所示。

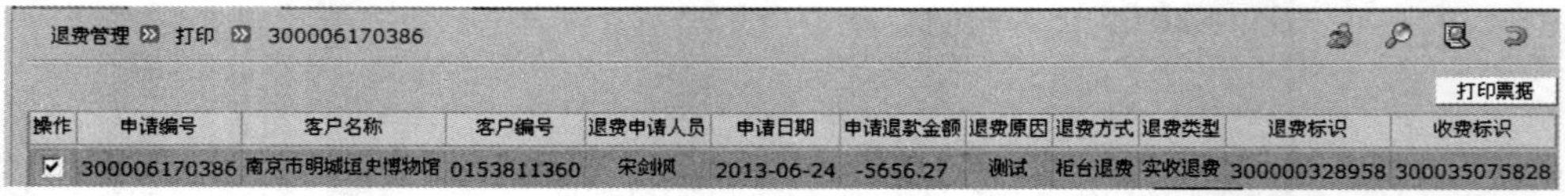

图 16-3-6 "生成"页面

2）点击【打印票据】按钮，生成错收退费电费发票。点击【任务传递】按钮，系统按照流程设置，将流程传递到下一个环节。

2. 欠费停电管理

根据欠费情况、信用度、风险确定欠费管理策略和处理措施，实现用电客户欠费催费、停电、惩罚管理，达到提高电费回收率的目的，如图 16-3-7 所示。

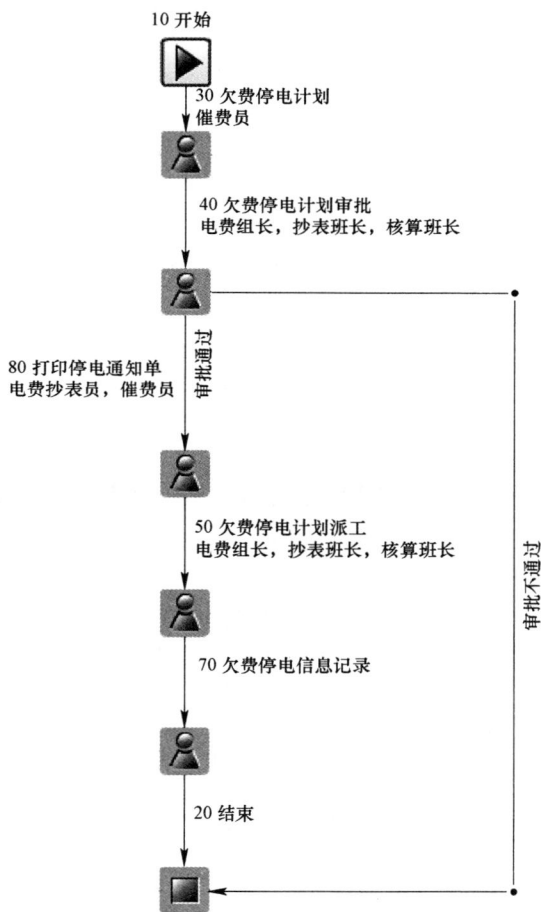

图 16-3-7　欠费停电管理

（1）欠费停电计划：提供用户代扣协议信息的建立与终止的功能。

1）启动程序，进入"欠费停电计划"页面，如图 16-3-8 所示。

2）查询方式选择"用户编号""班组""催费员"，选择对应的条件，点击"添加到计划列表"。

（2）欠费停电计划审批：提供用户代扣协议信息的建立与终止的功能。

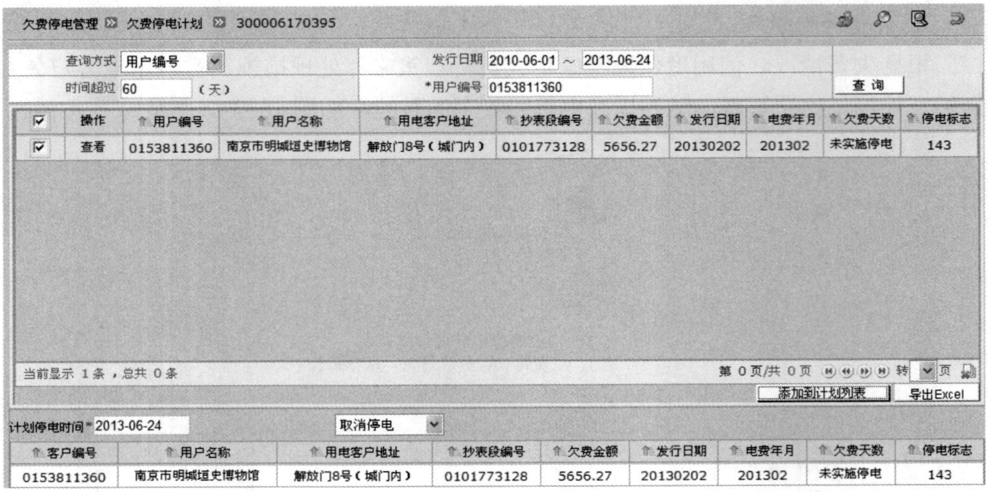

图 16-3-8 "欠费停电计划"页面

1）启动程序，进入"欠费停电计划审批"页面，如图 16-3-9 所示。

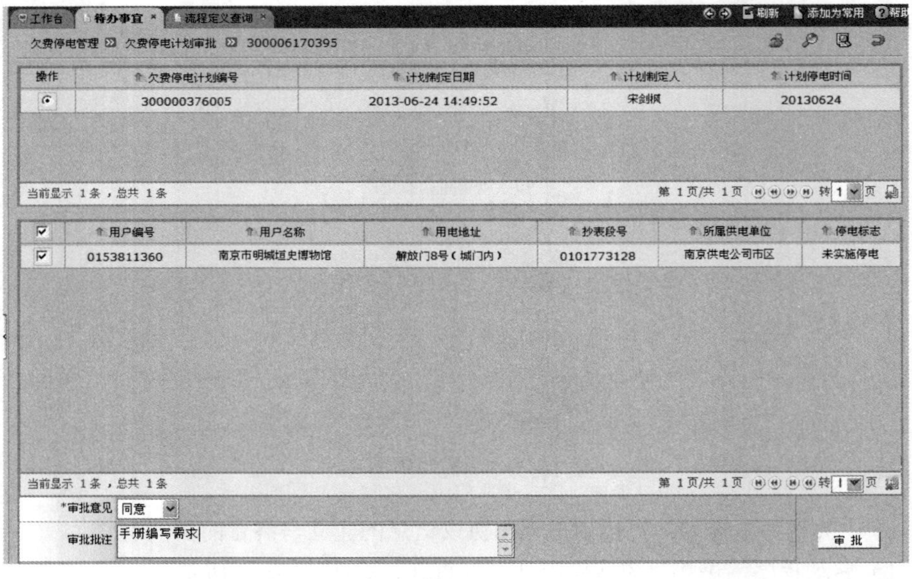

图 16-3-9 "欠费停电计划审批"页面

2）选择审批结果，输入审批意见。审批结果选择"不同意"，则直接终止退费流程。

3）点击【审批】按钮，然后点击【传递】按钮，系统按照流程设置，将流程传递到下一个环节。

（3）生成停电通知单。

操作过程描述：

1）启动程序，进入"生成停电通知单"页面，如图16-3-10所示。

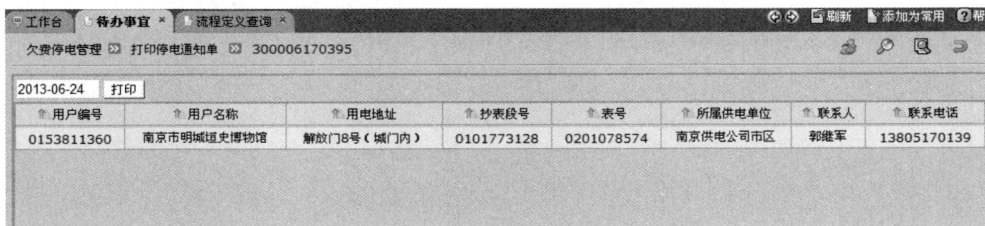

图16-3-10 "生成停电通知单"页面

2）选择【生成】按钮，生成完点击【传递】，流程进入下一环节。

（4）欠费停电计划派工：提供用户代扣协议信息的建立与终止功能。

操作过程描述：

1）启动程序，进入"欠费停电计划派工"页面，如图16-3-11所示。

图16-3-11 "欠费停电计划派工"页面

2）选择对应的停电派工人员，点击【派工】。

3）点击【传递】，系统即可进入下一环节。

（5）欠费停电信息记录：提供用户代扣协议信息的建立与终止功能。

操作过程描述：

1）启动程序，进入"欠费停电信息记录"页面，如图16-3-12所示。

2）选择【停电方式】，填写原因。点击【传递】，系统即可进入下一环节。

3. 缴费方式管理

1）启动缴费方式管理程序，进入"缴费方式设定"页面，如图16-3-13所示。页面包括"缴费方式设定""建立终止委托缴费关系""用户缴费截止日期维护""缴费银行账户优先级调整"共计 4 个标签页。系统初始激活"缴费方式设定"标签页，并默认显示所有缴费方式。

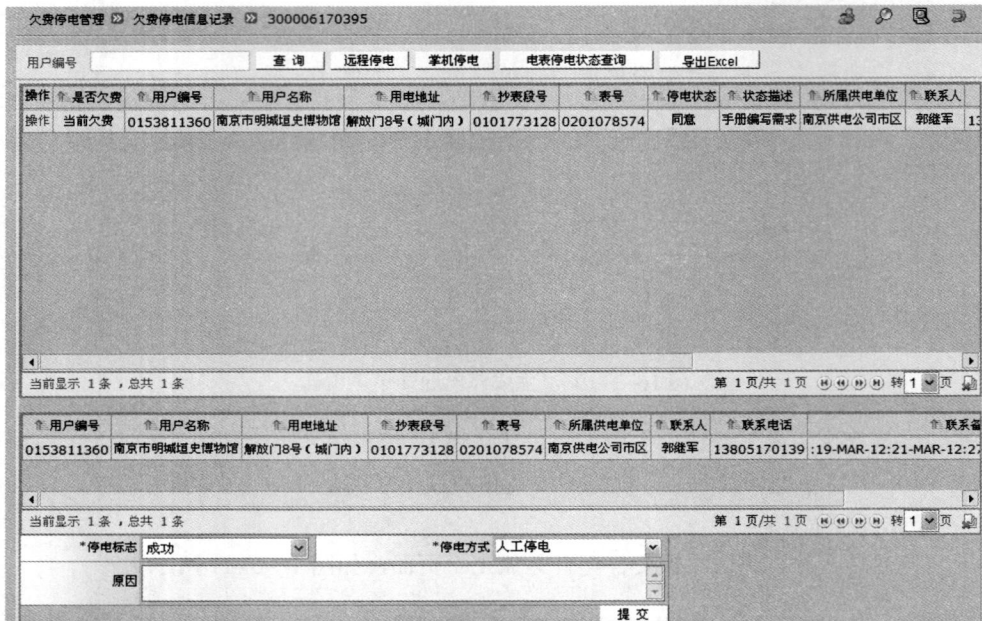

图 16-3-12 "欠费停电信息记录"页面

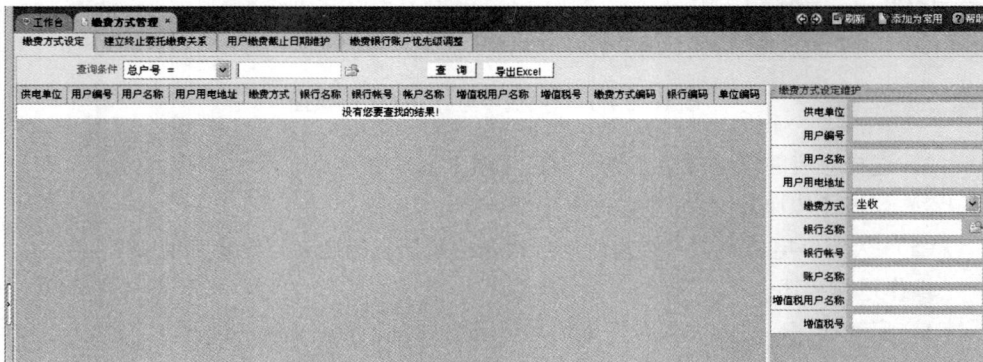

图 16-3-13 "缴费方式设定"页面

2）在"缴费方式设定"标签页，输入『总户号』，点击【查询】按钮，系统根据查询条件组合，显示相应的缴费方式。

3）在"建立终止委托缴费关系"标签页，输入『总户号』，点击【查询】按钮，系统根据查询条件组合，显示相应的委托缴费关系信息，如图 16-3-14 所示。

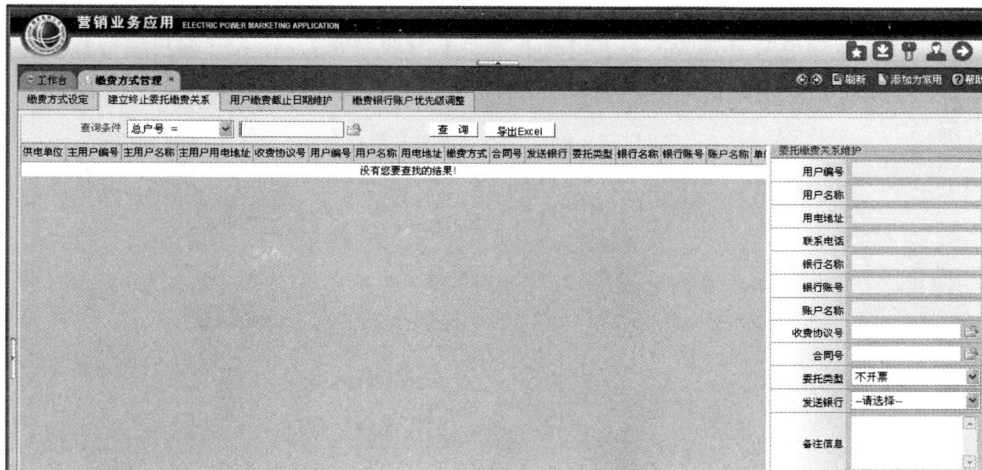

图 16-3-14　"建立终止委托缴费关系"页面

4）在"用户缴费截止日期维护"标签页，输入『总户号』，点击【查询】按钮，系统根据查询条件组合，显示相应的用户信息，如图 16-3-15 所示，修改『违约金截止日期』后点击【保存】按钮。

5）在"缴费银行账户优先级调整"标签页，输入『总户号』，点击【查询】按钮，系统进行查询，如图 16-3-16 所示，然后修改付费优先级，点击【保存】按钮。

图 16-3-15　"用户缴费截止日期维护"页面

图 16-3-16　"缴费银行账户优先级调整"页面

4. 营销账务管理

（1）预收管理：制作预收款冲抵报表。根据分录模板，制作记账凭证。

1）启动程序，进入"预收管理"页面，页面包括"收费员预收明细信息""预收冲抵汇总信息""预收历史信息""公司预收月报信息""充值卡预收信息""充值卡预收月报信息"共计 6 个标签页，系统初始激活"收费员预收明细信息"标签页。

2）操作员在"收费员预收明细信息"标签页，选择『单位』、『开始日期』、『截止日期』、『单位属性』、『预收冲抵』、『预收类型』、『收费员』，输入『客户编号』，点击【查询】按钮，系统根据查询条件组合，显示相应的收费员预收明细信息，如图 16-3-17 所示。

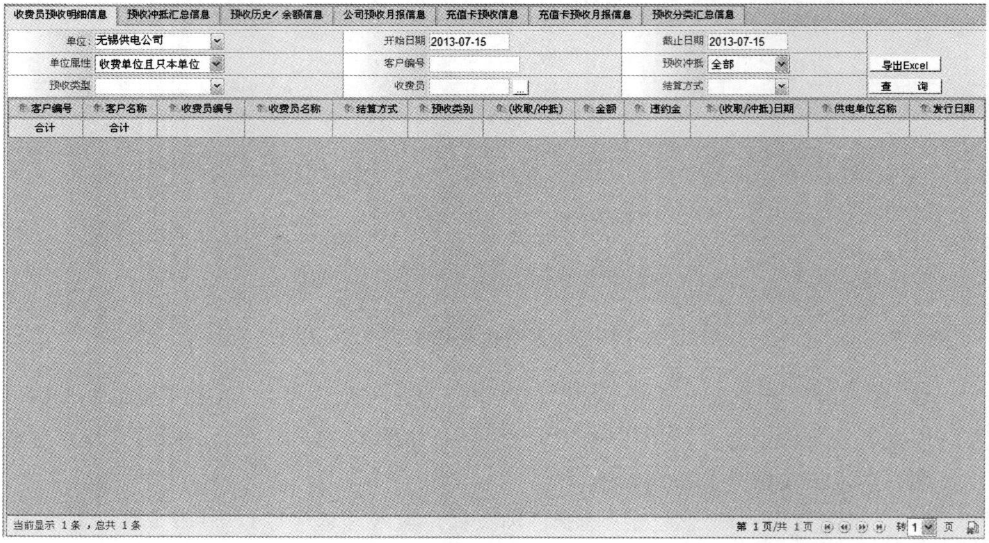

图 16-3-17 "收费员预收明细信息"页面

3）操作员在"预收冲抵汇总信息"标签页，选择『供电单位』、『日期范围』、『汇总类型』，输入『客户编号』，点击【查询】按钮，系统根据查询条件组合，显示相应的预收冲抵汇总信息，如图 16-3-18 所示。

客户编号	客户名称	本月预收	往月预收	往年预收	冲抵电费	冲抵违约金	退费金额	往月已用金额	可用金额
0660618775	章卫星	100	0	100	0	0	0	48	152
合计	合计	100	0	100	0	0	0	48	152

图 16-3-18 "预收冲抵汇总信息"页面

4）操作员在"预收历史信息"标签页，选择『供电单位』、『查询内容』、『日期范围』，输入『客户编号』，点击【查询】按钮，系统根据查询条件组合，显示相应的预收历史信息，如图 16-3-19 所示。

收费员预收明细信息	预收冲抵汇总信息	预收历史信息	公司预收月报信息	充值卡预收信息	充值卡预收月报信息

供电单位：溧水供电公司	查询内容 历史信息	日期范围 2009-01-06 -- 2009-01-06	客户编号		查 询　导出Excel

客户编号	客户名称	预收类型	预收金额	单位名称
0660618775	章卫星	现金	100	溧水供电公司

图 16-3-19　"预收历史信息"页面

5）操作员在"公司预收月报信息"标签页，选择『供电单位』、『日期范围』、『单位属性』，点击【查询】按钮，系统根据查询条件组合，显示相应的预收历史信息，如图 16-3-20 所示。

收费员预收明细信息	预收冲抵汇总信息	预收历史信息	公司预收月报信息	充值卡预收信息	充值卡预收月报信息

收费单位：溧水供电公司	日期范围 2009-01-06 -- 2009-01-06	单位属性 只统计本单位	查 询　导出Excel

供电单位名称	预收类别	结算方式	预收金额
溧水供电公司	现金	现金	100
溧水供电公司	合计	合计	100

图 16-3-20　"公司预收月报信息"页面

6）操作员在"充值卡预收信息"标签页，选择『供电单位』、『日期范围』，输入『客户编号』，点击【查询】按钮，系统根据查询条件组合，显示相应的充值卡预收信息，如图 16-3-21 所示。

收费员预收明细信息	预收冲抵汇总信息	预收历史信息	公司预收月报信息	充值卡预收信息	充值卡预收月报信息

收款单位：溧水供电公司 包含下属	日期范围 2009-01-06 -- 2009-01-06	客户编号：	查 询　导出Excel

收费员编	收费员名	预收日期	客户编号	卡号	预收金额	本次实收金额	冲抵电费	冲抵违约金	税金	冲抵日期	供电单位	供电单位
合计												

图 16-3-21　"充值卡预收信息"页面

7）操作员在"充值卡预收月报信息"标签页，选择『供电单位』、『日期范围』，点击【查询】按钮，系统根据查询条件组合，显示相应的充值卡预收月报信息，如图 16-3-22 所示。

收费员预收明细信息	预收冲抵汇总信息	预收历史信息	公司预收月报信息	充值卡预收信息	充值卡预收月报信息

收款单位：溧水供电公司 列出下属	日期范围 2009-01-06 -- 2009-01-06	查 询　导出Excel

供电单位编号	供电单位	预收金额	实收金额	冲抵电费	冲抵违约金	冲抵税金	预收日期
合计							

图 16-3-22　"充值卡预收月报信息"页面

8）操作员在"预收分类汇总信息"标签页，选择『供电单位』、『年月』，点击【查询】按钮，系统根据查询条件组合，显示相应的预收汇总信息，如图 16-3-23 所示。

编码	预收类型	总余额	本月余额	本月总预收	本月本部预收	本月总冲抵	本月本部冲抵	本月总退费	本月本部退费
1	现金	263466.27	263466.27	0	0	0	0	0	0
2	支票结余	63258.14	63258.14	0	0	0	0	0	0
3	预托收	6611192.22	6611192.22	0	0	0	0	0	0
4	充值卡	2452741.44	2452741.44	0	0	0	0	0	0
5	差错返款	55754.65	55754.65	0	0	0	0	0	0
6	退费转预收	86182.35	86182.35	0	0	0	0	0	0
7	政策性退补	0	0	0	0	0	0	0	0
8	电卡退费	0	0	0	0	0	0	0	0
9	承兑汇票	0	0	0	0	0	0	0	0
10	银行汇款	54805765.26	54805765.26	0	0	0	0	0	0
11	冻结预收	0	0	0	0	0	0	0	0
12	政策性退补转预收	0	0	0	0	0	0	0	0
13	电卡表现金	1051876.94	1051876.94	0	0	0	0	0	0
14	电卡表支票	8421.67	8421.67	0	0	0	0	0	0
15	负控购电现金	4000	4000	0	0	0	0	0	0
16	负控购电支票	0	0	0	0	0	0	0	0
17	预收转负控购电	0	0	0	0	0	0	0	0

图 16-3-23 预收分类汇总信息

（2）应收管理：提供审核应收日报、应收月报，制作应收凭证功能。

1）启动程序，进入"应收管理"页面，页面包括"应收日报""应收月报"共计2个标签页，系统初始激活"应收日报"标签页。

2）操作员在"应收日报"标签页，选择『供电单位』、『单位属性』、『发行日期』、『电费年月』，点击【查询】按钮，系统根据查询条件组合，显示相应的电力销售日报，如图 16-3-24 所示。

电力销售表统计（日报）

目录电价分类	总电量	售电收入	售电单价	度电电价	合计度电电费	低谷电量	低谷电[
十、综合变以下电价	21113.00	17165.20	0.81300	0.813	17165.20	0	
1、(综合变)非工业	17576.00	14288.83	0.81300	0.813	14288.83	0	
(综合变)非工业 (<1kv)	17576.00	14288.83	0.81300	0.813	14288.83	0	
3、(综合变)非居民照明	3537.00	2876.37	0.81300	0.813	2876.37	0	
(综合变)其它照明 (<1kV)	1524.00	1239.76	0.81300	0.813	1239.76	0	
(综合变)商业非居民照明 (<1kV)	2013.00	1636.61	0.81300	0.813	1636.61	0	
合计	21113.00	17165.20	0.81300	0.813	17165.20	0	

图 16-3-24 应收日报页面

3）点击【日报数据核准】，系统弹出"应收日报数据核准"页面，如图 16-3-25 所示，显示选择电费年月的计算日，应收电量、日报电量，及日报数据是否平衡。

4）操作员在"应收月报"标签页，选择『供电单位』、『单位属性』、『报表类型』、『计算日期』，点击【查询】按钮，系统根据查询条件组合，显示相应的电力销售月报，如图 16-3-26 所示。

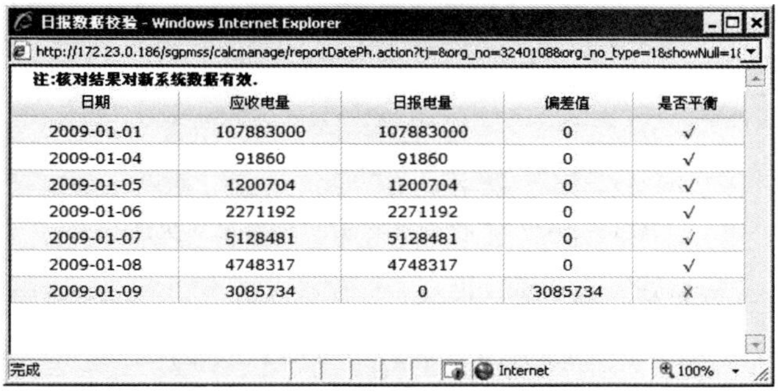

日期	应收电量	日报电量	偏差值	是否平衡
2009-01-01	107883000	107883000	0	√
2009-01-04	91860	91860	0	√
2009-01-05	1200704	1200704	0	√
2009-01-06	2271192	2271192	0	√
2009-01-07	5128481	5128481	0	√
2009-01-08	4748317	4748317	0	√
2009-01-09	3085734	0	3085734	X

图 16–3–25 应收日报数据核准页面

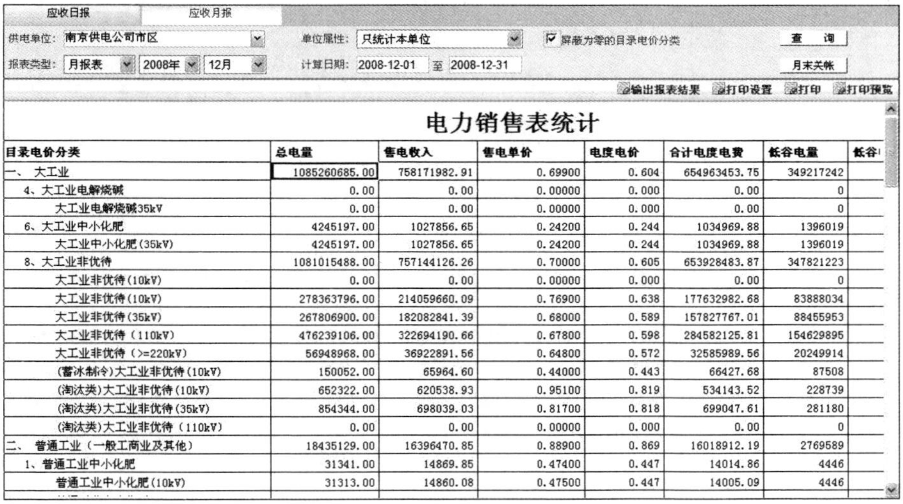

目录电价分类	总电量	售电收入	售电单价	电度电价	合计电度电费	低谷电量	低谷
一、 大工业	1085260685.00	758171982.91	0.69900	0.604	654963453.75	349217242	
4、大工业电解烧碱	0.00	0.00	0.00000	0.000	0.00	0	
大工业电解烧碱35kV	0.00	0.00	0.00000	0.000	0.00	0	
6、大工业中小化肥	4245197.00	1027856.65	0.24200	0.244	1034969.88	1396019	
大工业中小化肥(35kV)	4245197.00	1027856.65	0.24200	0.244	1034969.88	1396019	
8、大工业非优待	1081015488.00	757144126.26	0.70000	0.605	653928483.87	347821223	
大工业非优待(10kV)	0.00	0.00	0.00000	0.000	0.00	0	
大工业非优待(10kV)	278363796.00	214059660.09	0.76900	0.638	177632982.68	83888034	
大工业非优待(35kV)	267806900.00	182082841.39	0.68000	0.589	157827767.01	88455953	
大工业非优待（110kV）	476239106.00	322694190.66	0.67800	0.598	284582125.81	154629895	
大工业非优待（>=220kV）	56948968.00	36922891.56	0.64800	0.572	32585989.56	20249914	
(蓄冰制冷)大工业非优待(10kV)	150052.00	65964.60	0.44000	0.443	66427.68	87508	
(淘汰类)大工业非优待(10kV)	652322.00	620538.93	0.95100	0.819	534143.52	228739	
(淘汰类)大工业非优待(35kV)	854344.00	698039.03	0.81700	0.818	699047.61	281180	
(淘汰类)大工业非优待（110kV）	0.00	0.00	0.00000	0.000	0.00	0	
二、 普通工业（一般工商业及其他）	18435129.00	16396470.85	0.88900	0.869	16018912.19	2769589	
1、普通工业中小化肥	31341.00	14869.85	0.47400	0.447	14014.86	4446	
普通工业中小化肥(10kV)	31313.00	14860.08	0.47500	0.447	14005.09	4446	

图 16–3–26 应收月报页面

（3）收费交接：提供审核实收交接报表以及现金解款单、银行进账单、发票存根等明细信息，根据分录模板生成『实收凭证』的功能。

1）启动程序，进入“收费交接”页面。页面包括“收费员收费明细”“收费员收费汇总信息”“公司汇总”“银行代收”“月报表”“相互代收”“收费明细账”“到账统计查询”“款项交接查询”“实收退款记录”共计 10 个标签页。系统初始激活“收费员收费明细”标签页。

2）操作员在“收费员收费明细”标签页，选择『收款单位』、『开始日期』、『截止日期』、『结算方式』、『收费员』、『单位属性』，点击【查询】按钮，系统根据查询条件组合，显示相应的收费员收费明细信息，如图 16–3–27 所示。

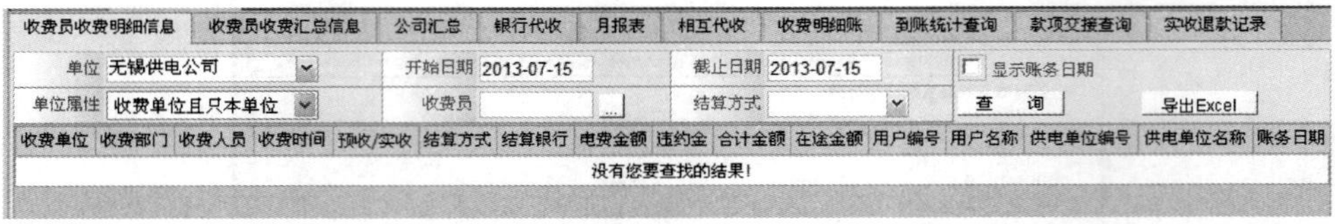

图 16-3-27 "收费员收费明细信息"页面

3）操作员在"收费员收费汇总"标签页，选择『单位』、『开始日期』、『截止日期』、『结算方式』、『收费员』、『单位属性』，点击【查询】按钮，系统根据查询条件组合，显示相应的收费员收费汇总信息，如图 16-3-28 所示。

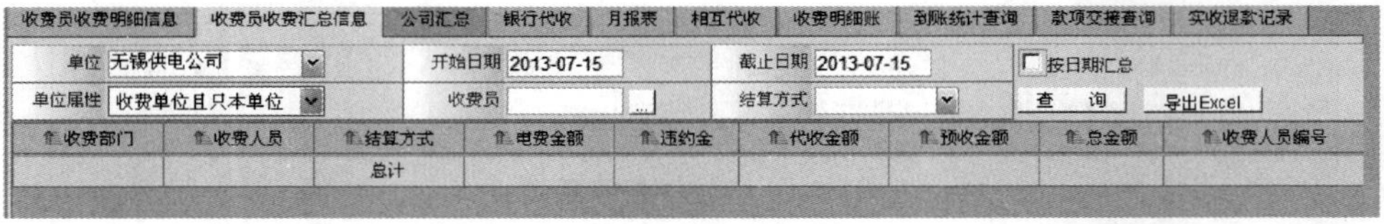

图 16-3-28 "收费员收费汇总信息"页面

4）操作员在"公司汇总"标签页，选择『所属单位』、『收费日期』，点击【查询】按钮，系统根据查询条件组合，显示相应的公司汇总信息，如图 16-3-29 所示。

图 16-3-29 "公司汇总查询"页面

5）操作员在"银行代收"标签页，选择『收费日期』、『银行名称』、『结算方式』，点击【查询】按钮，系统根据查询条件组合，显示相应的银行代收信息，如图 16-3-30 所示。

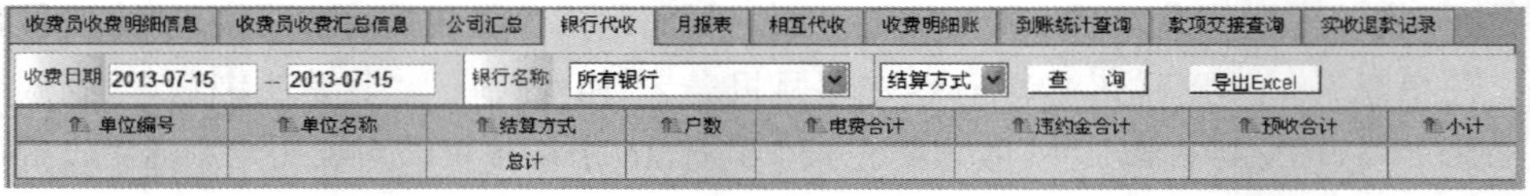

图 16-3-30 "银行代收"页面

6）操作员在"月报表"标签页，选择『收费单位』、『收费日期』、『单位属性』，点击【查询】按钮，系统根据查询条件组合，显示相应的月报表信息，如图 16-3-31 所示。

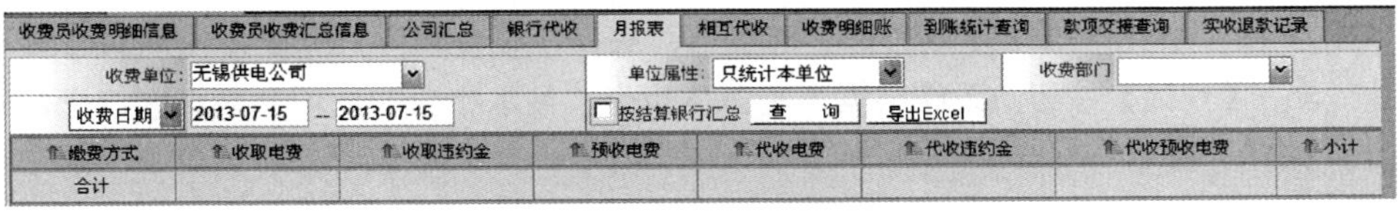

图 16-3-31　"月报表"页面

7）操作员在"相互代收"标签页，选择『收费单位』、『日期』，点击【查询】按钮，系统根据查询条件组合，显示相应的相互代收信息，如图 16-3-32 所示。

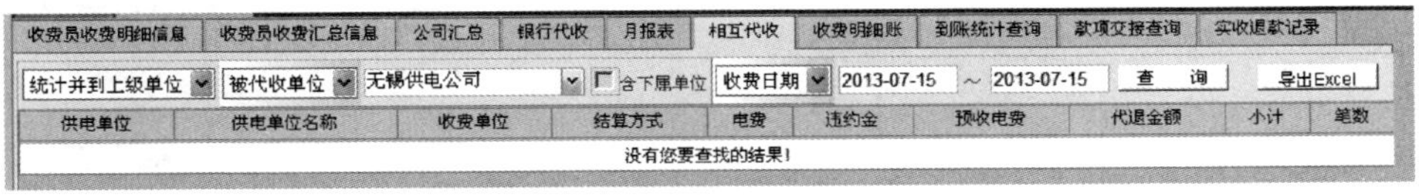

图 16-3-32　"相互代收"页面

8）操作员在"收费员明细"标签页，选择『日期范围』、『结算方式』、『收费员』，点击【查询】按钮，系统根据查询条件组合，显示相应的收费员明细信息，如图 16-3-33 所示。

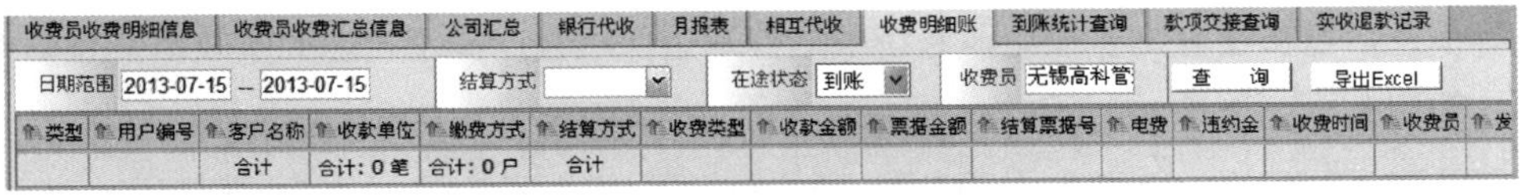

图 16-3-33　"收费员明细"页面

9）操作员在"款项交接"标签页，选择『收费单位』、『操作日期』、『收费员』，点击【查询】按钮，系统根据查询条件组合，显示相应的款项交接信息，如图 16-3-34 所示。

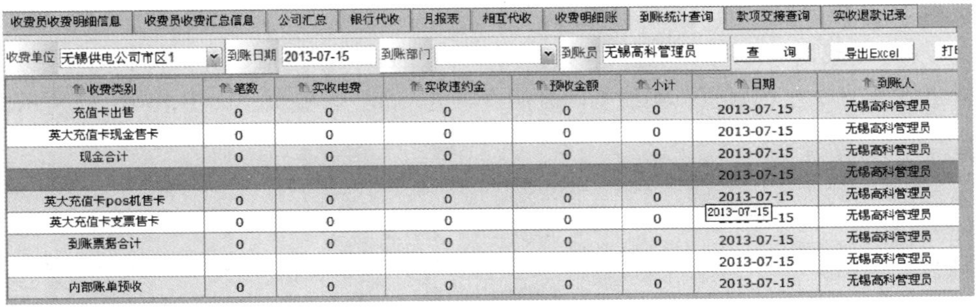

图 16-3-34　到账统计查询

10）操作员在“款项交接查询”标签页，选择『收费单位』、『操作日期』、『收费员』，点击【查询】按钮，系统根据查询条件组合，显示相应的款项交接查询信息，如图 16–3–35 所示。

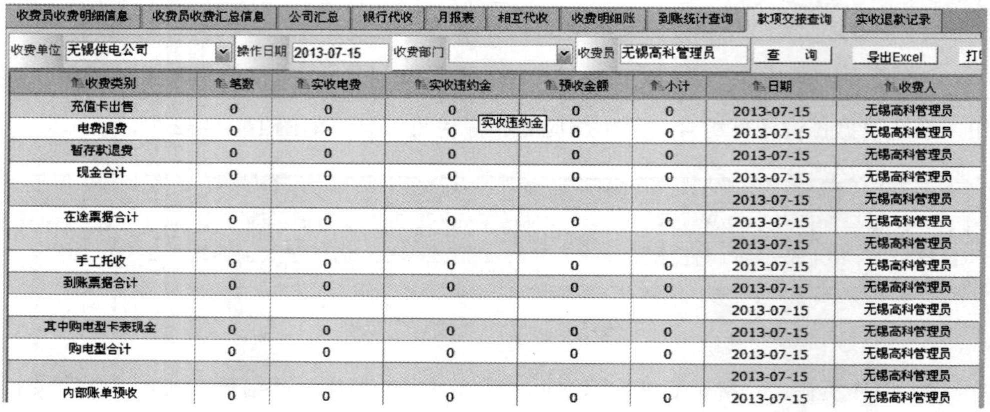

收费类别	笔数	实收电费	实收违约金	预收金额	小计	日期	收费人
充值卡出售	0	0	0	0	0	2013-07-15	无锡高科管理员
电费退费	0	0	0	0	0	2013-07-15	无锡高科管理员
暂存款退费	0	0	0	0	0	2013-07-15	无锡高科管理员
现金合计	0	0	0	0	0	2013-07-15	无锡高科管理员
						2013-07-15	无锡高科管理员
在途票据合计	0	0	0	0	0	2013-07-15	无锡高科管理员
						2013-07-15	无锡高科管理员
手工托收	0	0	0	0	0	2013-07-15	无锡高科管理员
到账票据合计	0	0	0	0	0	2013-07-15	无锡高科管理员
						2013-07-15	无锡高科管理员
其中购电型卡表现金	0	0	0	0	0	2013-07-15	无锡高科管理员
购电型合计	0	0	0	0	0	2013-07-15	无锡高科管理员
						2013-07-15	无锡高科管理员
内部账单预收	0	0	0	0	0	2013-07-15	无锡高科管理员

图 16–3–35 款项交接查询

11）操作员在“实收退费记录”标签页，选择『收费单位』、『时间范围、『收费员』等等信息，点击【查询】按钮，系统根据查询条件组合，显示相应的实收退费查询信息，如图 16–3–36 所示。

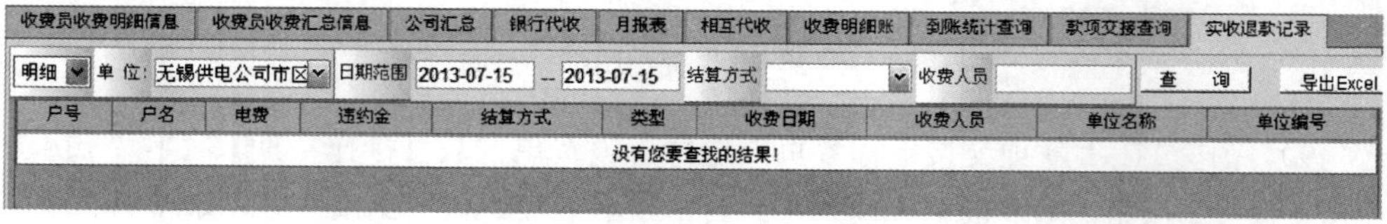

图 16–3–36 实收退款记录

（4） 票据入库：提供按票据类别、票据版、票据号码范围，整批登记入库功能。

1）启动票据入库程序，进入“票据入库”页面。页面包括“票据入库”、“票据版本维护”共计 2 个标签页。系统初始激活“票据入库”标签页，如图 16–3–37 所示。

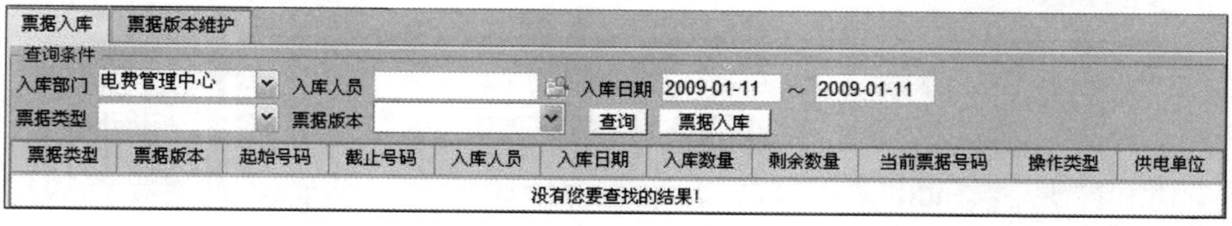

图 16–3–37 “票据信息”页面

2）在"票据入库"标签页，选择『入库部门』、『入库人员』、『入库日期』、『票据类型』、『票据版本』，点击【查询】按钮，系统根据查询条件组合，显示相应的票据信息。点击【入库】按钮，弹出"票据入库"窗口，输入或选择票据入库信息，点击【保存】按钮，系统保存成功。点击【关闭】按钮，关闭当前窗口，如图 16-3-38 所示。

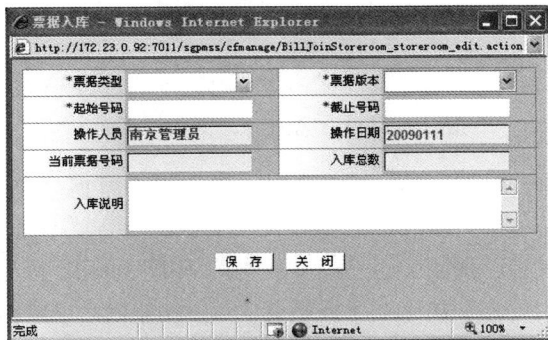

图 16-3-38　"票据入库"页面

3）在"票据版本维护"标签页，输入『票据类型』，点击【查询】按钮，系统根据查询条件组合，显示相应的票据版本信息，如图 16-3-39 所示。点击【增加票据版本】按钮，弹出"票据版本维护"窗口，新增票据版本。点击【修改票据版本】，弹出"票据版本修改"窗口，如图 16-3-40 所示，按需修改『票据版本』，点击【保存】按钮，提交保存所作修改，点击【关闭】按钮，退出当前窗口。

操作	票据类型	票据版本	版本说明
	普通小用户发票	Slayers	
	托收凭证	托收凭证	同城委托
	普通大用户发票	132010650623	普通大用户发票
	普通小用户发票	132010750523No	123456
	托收凭证	电	电子托收
	普通小用户发票	132010650523No	
	普通小用户发票	132010850523No	
	普通大用户发票	132990650623	
	业务发票	132010810560	
	普通小用户发票	132990550523No	
	普通大用户发票	SalarBoxer	
	普通小用户发票	shenjun	
	普通小用户发票	Cmtest001	
	业务发票	wztest	tt
	托收凭证	同城特约	托收单
	普通小用户发票	SalarBoxer	

图 16-3-39　"票据版本维护"页面

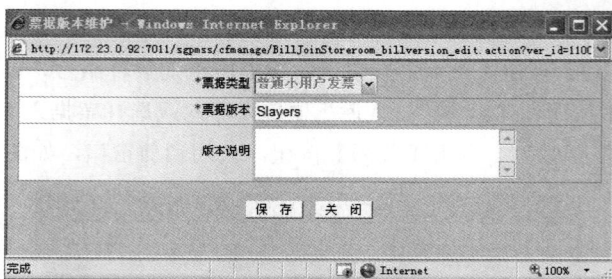

图 16-3-40 "票据版本修改"页面

（5）票据部门领用：提供按票据类别、票据版、票据号码范围，部门领用票据功能。

1）启动票据部门领用程序，进入"票据部门领用"页面。页面包括"票据部门领用"、"票据部门领用日志"共计 2 个标签页。系统初始激活"票据信息"标签页，如图 16-3-41 所示。

图 16-3-41 "票据部门领用"页面

2）在"票据部门领用"标签页，选择『操作日期』、『票据类型』、『票据版本』，点击【查询】按钮，系统根据查询条件组合，显示相应的票据信息。点击【部门领用】按钮，弹出"票据部门领用"窗口，输入或选择领用信息，点击【保存】按钮，系统保存成功。点击【关闭】按钮，关闭当前窗口，如图 16-3-42 所示。

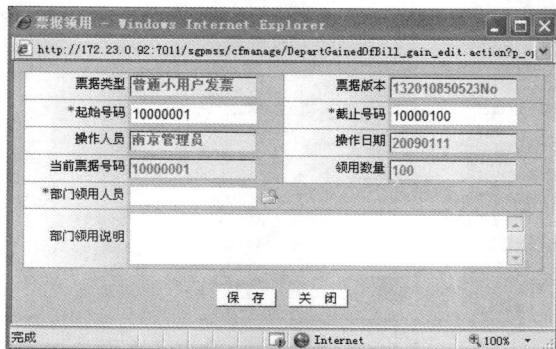

图 16-3-42 "票据领用"页面

3）在"票据部门领用日志"标签页，选择『领用部门』、『领用人员』、『领用日期』、『票据类型』、『票据版本』，点击【查询】按钮，系统根据查询条件组合，显示相应的日志信息，如图 16-3-43 所示。

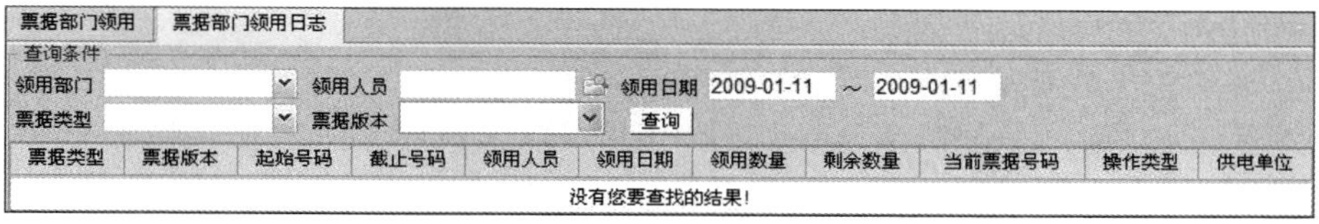

图 16-3-43　"票据部门领用日志"页面

（6）票据部门返还：提供按票据类别、票据版、票据号码范围，部门返还票据功能。

1）启动票据部门返还程序，进入"票据部门返还"页面。页面包括"票据部门返还"、"票据部门返还日志"共计 2 个标签页。系统初始激活"票据部门返还"标签页，如图 16-3-44 所示。

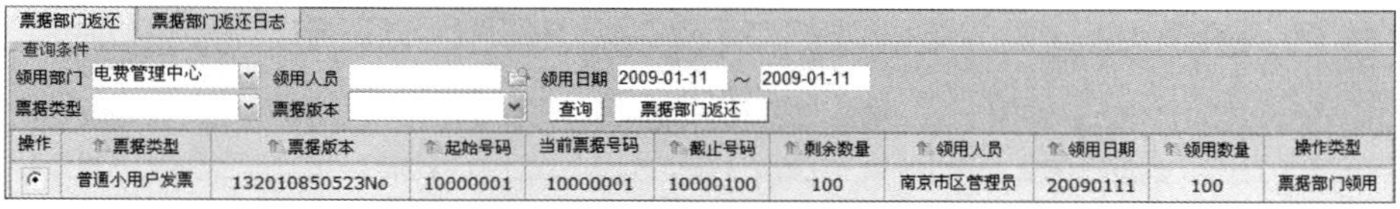

图 16-3-44　"票据部门返还"页面

2）在"票据部门返还"标签页，选择『领用部门』、『领用人员』、『领用日期』、『票据类型』、『票据版本』，点击【查询】按钮，系统根据查询条件组合，显示相应的票据信息。点击【票据部门返还】，弹出"票据部门返还"窗口，输入或选择返还信息，点击【保存】按钮，系统保存成功。点击【关闭】按钮，关闭当前窗口，如图 16-3-45 所示。

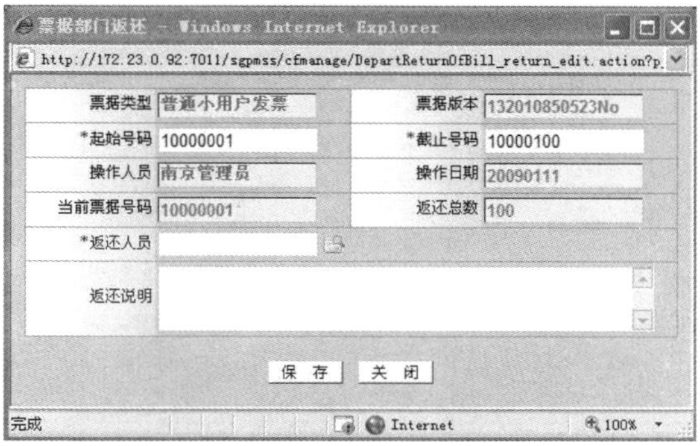

图 16-3-45　"返还"页面

3）在“票据部门返还日志”标签页，输入『返还部门』、『返还人员』、『返还日期』、『票据类型』、『票据版本』，点击【查询】按钮，系统根据查询条件组合，显示相应的日志信息，如图16–3–46所示。

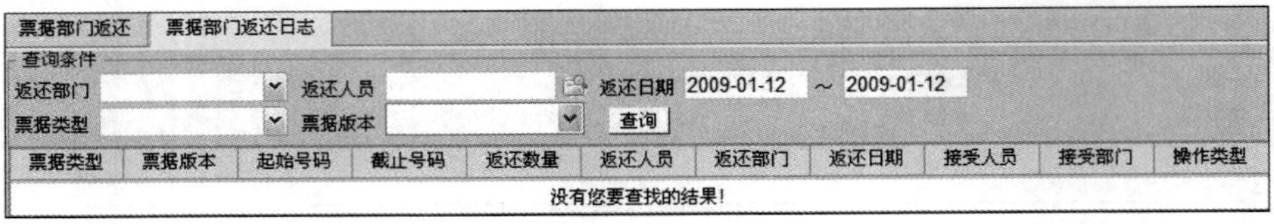
票据部门返还
票据部门返还日志
查询条件
返还部门
返还人员
返还日期 2009-01-12 ～ 2009-01-12
票据类型
票据版本
查询
票据类型
票据版本
起始号码
截止号码
返还数量
返还人员
返还部门
返还日期
接受人员
接受部门
操作类型
没有您要查找的结果！

图16–3–46 “票据部门返还日志”页面

（7）票据个人领用：提供开票人按票据类别、票据版、票据号码范围，领用票据功能。

1）启动票据部门领用程序，进入“票据个人领用”页面。页面包括“票据个人领用”、“票据个人领用日志”共计2个标签页。系统初始激活“票据个人领用”标签页，如图16–3–47所示。

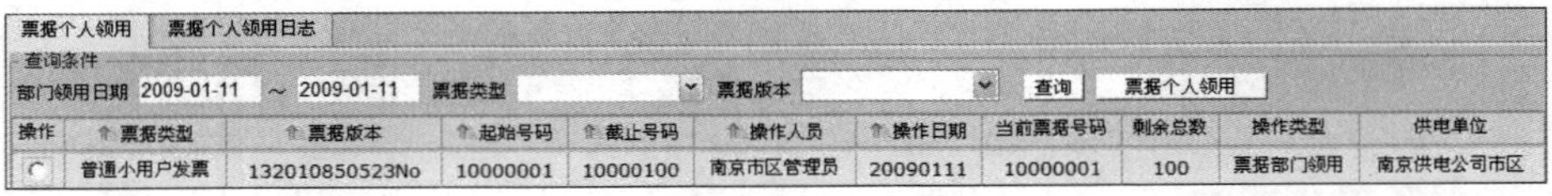
票据个人领用
票据个人领用日志
查询条件
部门领用日期 2009-01-11 ～ 2009-01-11
票据类型
票据版本
查询
票据个人领用
操作
票据类型
票据版本
起始号码
截止号码
操作人员
操作日期
当前票据号码
剩余总数
操作类型
供电单位
普通小用户发票
132010850523No
10000001
10000100
南京市区管理员
20090111
10000001
100
票据部门领用
南京供电公司市区

图16–3–47 “票据个人领用”页面

2）在“票据个人领用”标签页，选择『部门领用日期』、『票据类型』、『票据版本』，点击【查询】按钮，系统根据查询条件组合，显示相应的票据信息。点击【票据个人领用】按钮，弹出“个人领用”窗口，输入或选择领用信息，点击【保存】按钮，系统保存成功。点击【关闭】按钮，关闭当前窗口，如图16–3–48所示。

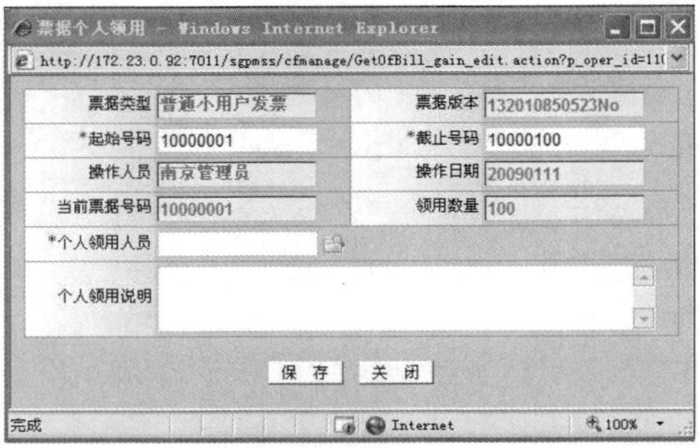
票据个人领用 - Windows Internet Explorer
http://172.23.0.92:7011/sgpmss/cfmanage/GetOfBill_gain_edit.action?p_oper_id=11(
票据类型 普通小用户发票
票据版本 132010850523No
*起始号码 10000001
*截止号码 10000100
操作人员 南京管理员
操作日期 20090111
当前票据号码 10000001
领用数量 100
*个人领用人员
个人领用说明
保 存
关 闭
完成
Internet
100%

图16–3–48 “票据领用”页面

3）在"票据个人领用日志"标签页，选择『领用部门』、『领用人员』、『领用日期』、『票据类型』、『票据版本』，点击【查询】按钮，系统根据查询条件组合，显示相应的日志信息，如图 16–3–49 所示。

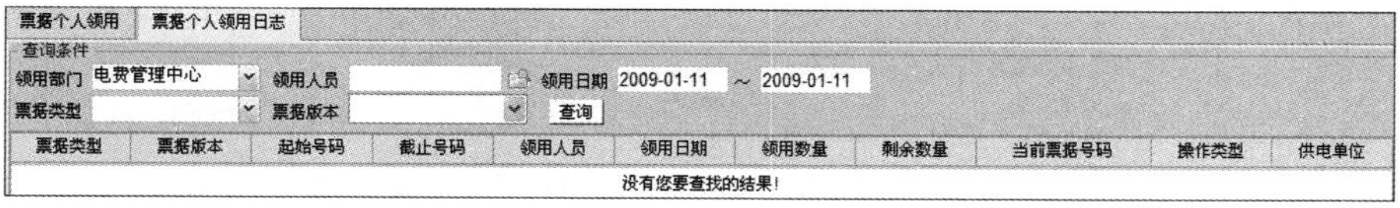

图 16–3–49　"票据日志信息查询"页面

（8）票据个人上缴：提供开票人按票据类别、票据版、票据号码范围，个人上缴票据功能。

1）启动票据个人上缴程序，进入"票据个人上缴"页面。页面包括"票据个人上缴"、"票据个人上缴日志"共计 2 个标签页。系统初始激活"票据信息"标签页，如图 16–3–50 所示。

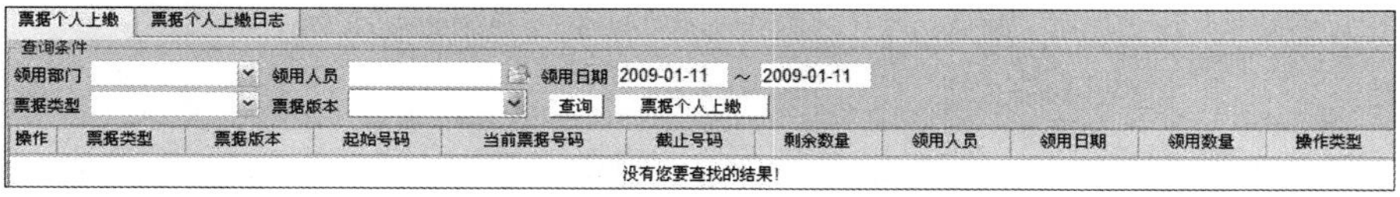

图 16–3–50　"票据个人上缴"页面

2）在"票据个人上缴"标签页，选择『领用部门』、『领用人员』、『领用日期』、『票据类型』、『票据版本』，点击【查询】按钮，系统根据查询条件组合，显示相应的票据信息。选择一条或多条记录，点击【票据个人上缴】，弹出"票据个人上缴"窗口，输入或选择个人上缴信息，点击【保存】按钮，系统保存成功。点击【关闭】按钮，关闭当前窗口，如图 16–3–51 所示。

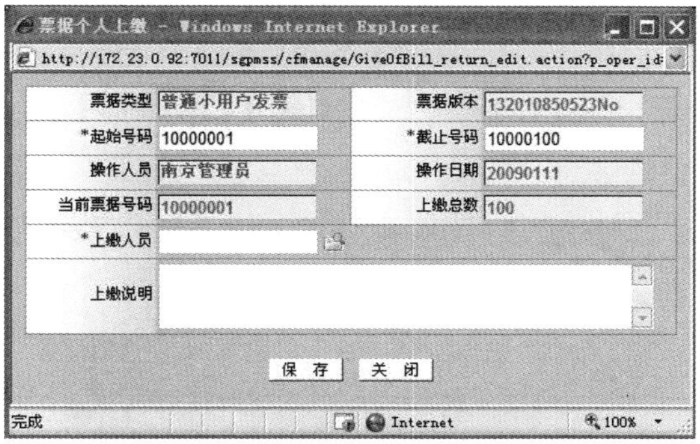

图 16–3–51　"票据个人上缴"页面

3）在"票据个人上缴日志"标签页，输入『上缴部门』、『上缴人员』、『上缴日期』、『票据类型』、『票据版本』，点击【查询】按钮，系统根据查询条件组合，显示相应的日志信息，如图 16-3-52 所示。

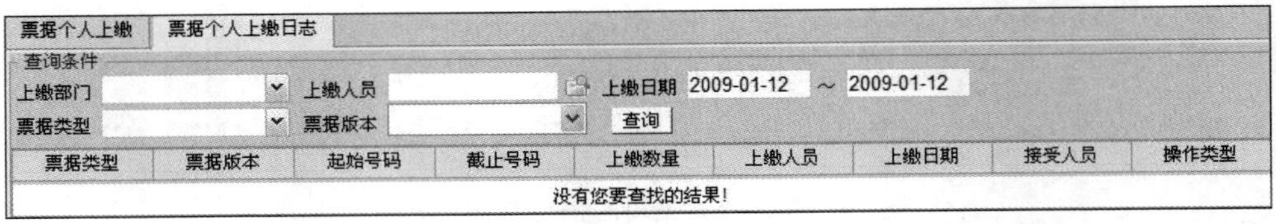

图 16-3-52 "票据日志信息查询"页面

（9）票据作废：提供票据管理员按票据类别、票据版、票据号码范围，整批作废票据功能。

1）启动票据作废程序，进入"票据作废"页面。页面包括"票据作废"、"票据还原"共计 2 个标签页。系统初始激活"票据作废"标签页，如图 16-3-53 所示。

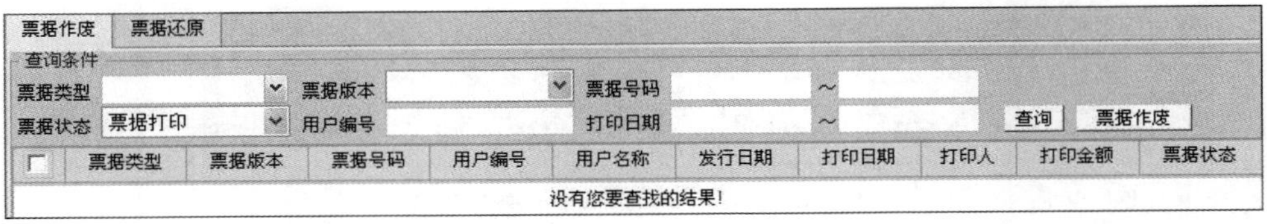

图 16-3-53 "票据作废"页面

2）在"票据作废"标签页，选择『票据类型』、『票据版本』、『票据号码』、『票据状态』、『用户编号』、『打印日期』，点击【查询】按钮，系统根据查询条件组合，显示相应的票据信息。点击【票据作废】，弹出"票据作废"窗口，输入或选择条件，点击【保存】按钮，系统保存成功。点击【取消】按钮，关闭当前窗口。

3）在"票据还原"标签页，选择『票据类型』、『票据版本』、『票据号码』、『票据状态』、『用户编号』、『打印日期』，点击【查询】按钮，系统根据查询条件组合，显示相应的票据信息。选择一条或者多条记录，点击【票据还原】，还原相应的作废票据，如图 16-3-54 所示。

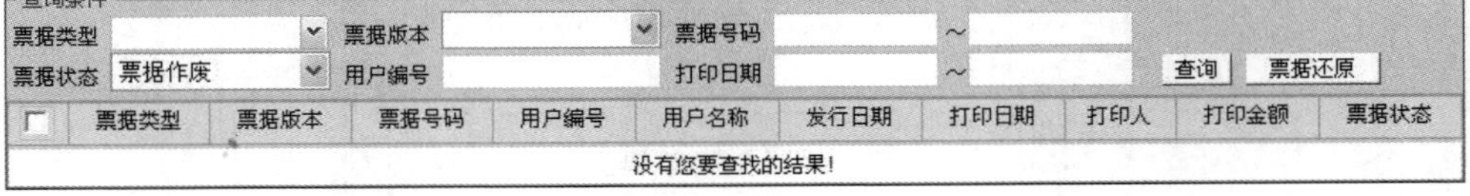

图 16-3-54 "票据还原"页面

（10）到账确认：提供确认已到账或退票的银行进账单信息功能。

1）启动到账处理程序，进入"到账确认"页面。页面包括"票据到账处理""票据明细查询""现金解款到账处理""现金到账查询"共计 4 个标签页。系统初始激活"票据到账处理"标签页，如图 16-3-55 所示。

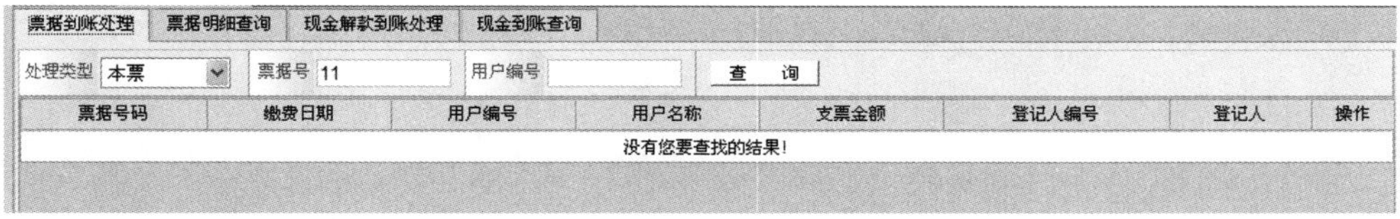

图 16-3-55 "票据到账处理"页面

2）在"票据到账处理"页面，选择『处理类型』，输入『票据号』或『用户编号』，点击【查询】，系统显示待到账确认的支票或本票等记录。点击【到账】，系统弹出"客户预收金额分配"页面，如果该用户属于某客户或托收协议号下，系统列出该客户或协议号下的其他用户，确定各用户预收余额的分配金额。点击【确认】，系统提示"销账成功"。

3）点击【退票】，系统弹出"退票确认"页面，选择『退票原因』，点击【确认】按钮，则完成退票，系统提示"退票成功"。

4）在"票据明细查询"页面，选择『收费单位』、『收支票日期范围』、『收取人』、『销账人』、『支票类型』、『销账范围』、『支票状态』，根据相关条件，组合查询出有关的票据信息，如图 16-3-56 所示。

图 16-3-56 "票据明细查询"页面

5）在"现金解款到账处理"，选择『类型』，输入『解款单位』，点击【查询】，系统显示待到账确认的现金解款，点击"到账确认"按钮，确认到账金额，如图 16-3-57 所示。

6）在"现金到账查询"，选择『类型』，输入『到账人员』，点击【查询】，系统显示待到账确认的现金解款，点击"到账确认"按钮，如图 16-3-58 所示，确认到账金额。

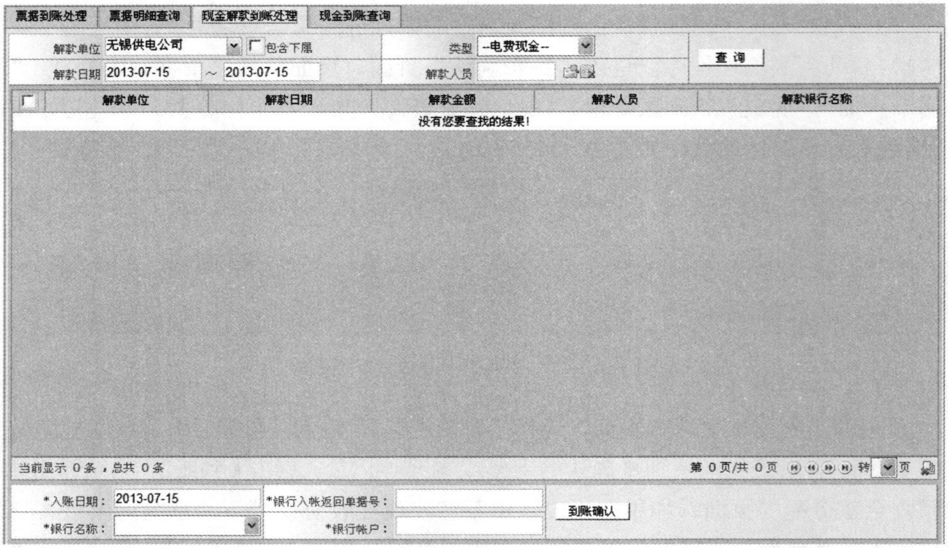

图 16–3–57 现金解款到账处理

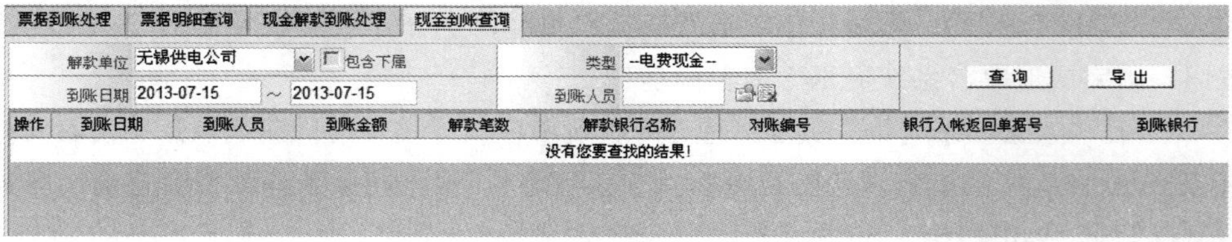

图 16–3–58 现金到账查询

（11）票据使用情况统计：提供票据使用情况统计功能。

1）启动票据使用情况统计程序，进入"票据使用情况统计"页面。页面包括"票据信息""日志信息""库存统计"共计 3 个标签页。系统初始激活"票据信息"标签页。

2）在"票据使用情况统计"标签页，选择『操作部门』、『操作人员』、『票据类型』、『票据版本』，点击【查询】按钮，系统根据查询条件组合，显示相应的票据使用情况统计信息，如图 16–3–59 所示。

（12）票据信息查询：提供票据信息查询的功能。

1）启动程序，进入"票据信息查询页面"，如图 16–3–60 所示。

2）选择『票据类型』、『票据版本』、『保管部门』、『保管人员』、『票据状态』、『起始号码』、『截止号码』、『用户编号』，点击【查询】按钮，系统根据查询条件组合，显示相应的用户票据信息。

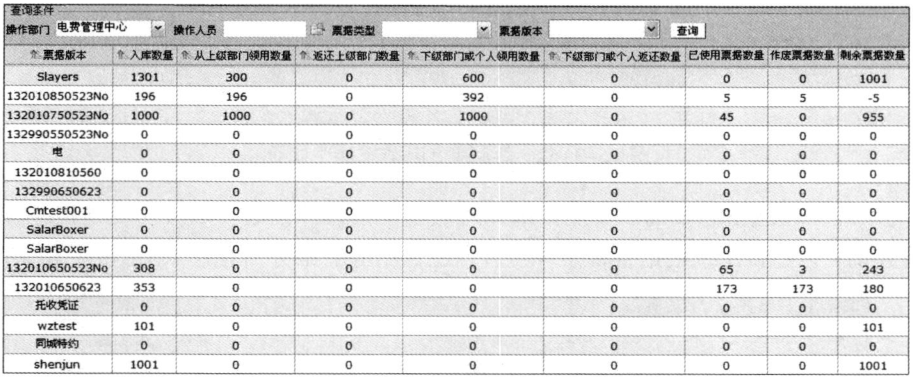
查询条件
操作部门 电费管理中心　操作人员　票据类型　票据版本　查询

票据版本	入库数量	从上级部门领用数量	返还上级部门数量	下级部门或个人领用数量	下级部门或个人返还数量	已使用票据数量	作废票据数量	剩余票据数量
Slayers	1301	300	0	600	0	0	0	1001
132010850523No	196	196	0	392	0	5	5	-5
132010750523No	1000	1000	0	1000	0	45	0	955
132990550523No	0	0	0	0	0	0	0	0
电	0	0	0	0	0	0	0	0
132010810560	0	0	0	0	0	0	0	0
132990650623	0	0	0	0	0	0	0	0
Cmtest001	0	0	0	0	0	0	0	0
SalarBoxer	0	0	0	0	0	0	0	0
SalarBoxer	0	0	0	0	0	0	0	0
132010650523No	308	0	0	0	0	65	3	243
132010650623	353	0	0	0	0	173	173	180
托收凭证	0	0	0	0	0	0	0	0
wztest	101	0	0	0	0	0	0	101
同城特约	0	0	0	0	0	0	0	0
shenjun	1001	0	0	0	0	0	0	1001

图 16–3–59 “票据使用情况统计”页面

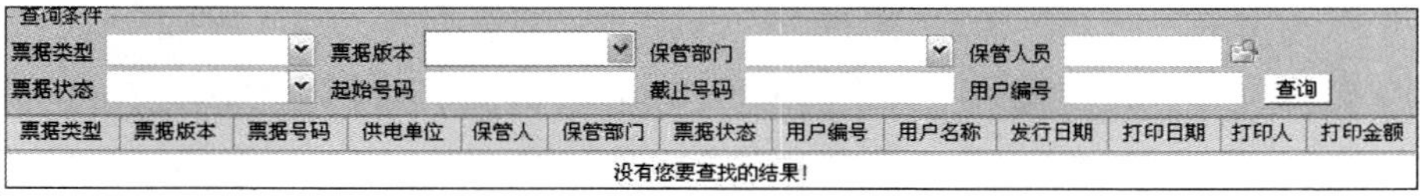
查询条件
票据类型　票据版本　保管部门　保管人员
票据状态　起始号码　截止号码　用户编号　查询

票据类型	票据版本	票据号码	供电单位	保管人	保管部门	票据状态	用户编号	用户名称	发行日期	打印日期	打印人	打印金额
没有您要查找的结果!												

图 16–3–60 “票据信息查询”页面

（13）用户票据调整：提供票据信息查询的功能。

1）启动程序，进入“票据号码设置页面”，如图 16–3–61 所示。

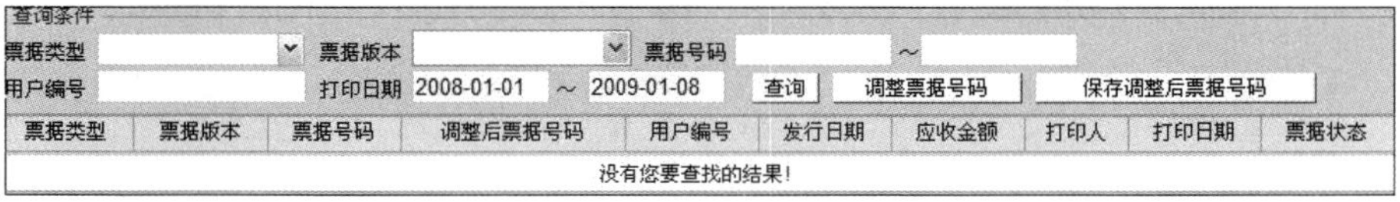
查询条件
票据类型　票据版本　票据号码　～
用户编号　打印日期 2008-01-01 ～ 2009-01-08　查询　调整票据号码　保存调整后票据号码

票据类型	票据版本	票据号码	调整后票据号码	用户编号	发行日期	应收金额	打印人	打印日期	票据状态
没有您要查找的结果!									

图 16–3–61 “票据号码设置”页面

2）选择『票据类型』、『票据版本』、『票据号码』、『用户编号』、『打印日期』，点击【查询】按钮，系统根据查询条件组合，显示相应的票据信息。

3）点击【调整票据号码】，设置票据起始号码，点击【确定】。

4）点击【保存调整后票据号码】，保存用户票据调整后号码。

（14）营财手工发送。

1）启动程序，进入“营财手工发送”。页面包括“结算单申请发送”、“发送日志查询”、“对账平衡表查询”共计 3 个标签页，系统初始激活“结算单申请发送”标签页。

2）在“结算单申请发送”页面，选择『供电单位』、『记账日期』、『票据号码』、『是否查询需驳回数据』，点击【查询】按钮，系统根据查询条件组合，显示相应的账务信息，如图 16–3–62 所示。

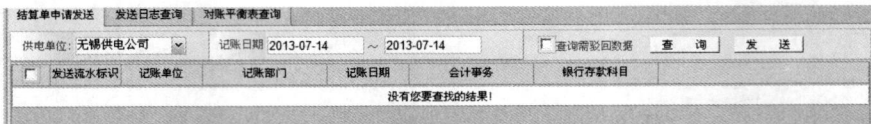

图 16-3-62 "结算单申请发送"页面

3）在"发送日志查询"页面，选择『供电单位』、『记账日期』、『发送状态』，点击【查询】按钮，系统根据查询条件组合，显示相应的账务信息，如图 16-3-63 所示。

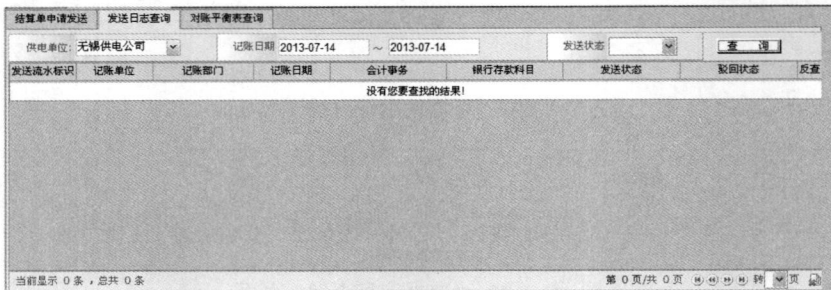

图 16-3-63 "发送日志查询"页面

4）在"对账平衡表查询"页面，选择『供电单位』、『记账日期』，点击【查询】按钮，系统根据查询条件组合，显示相应的账务信息，如图 16-3-64 所示。

图 16-3-64 "对账平衡表查询"页面

（15）供电单位银行账户维护。

1）启动程序，进入"供电单位银行账户维护页面"。

2）选择『供电单位』、『操作类型』、『科目版本』，点击【查询】按钮，即可查询系统中目前存在的银行信息，如图 16-3-65 所示。

3）点击【新增】按钮，即可出现，供电单位银行账户新增页面，填写相关信息，点击【保存】按钮，如图 16-3-66 所示。

图 16-3-65　"供电单位银行账户维护"页面

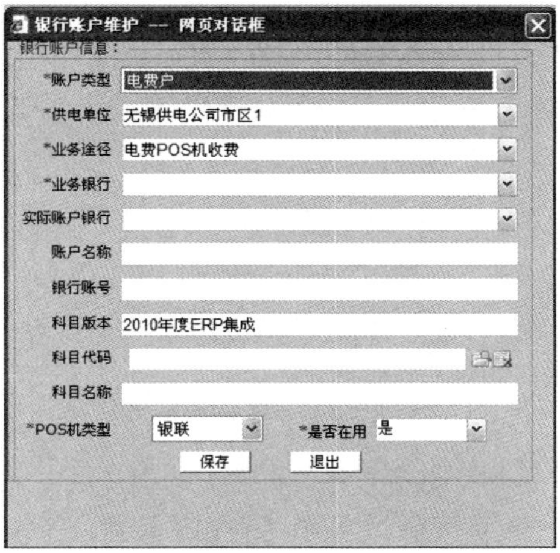

图 16-3-66　"供电单位银行账户新增"页面

（16）违约金查询。

1）启动程序，进入"违约金查询页面"。页面包括"违约金收取情况查询"、"违约金未收情况查询"、"违约金暂缓情况查询"、"电费已收、违约金欠费查询"共计 4 个标签页。系统初始激活"违约金收取情况查询"标签页，如图 16-3-67 所示。

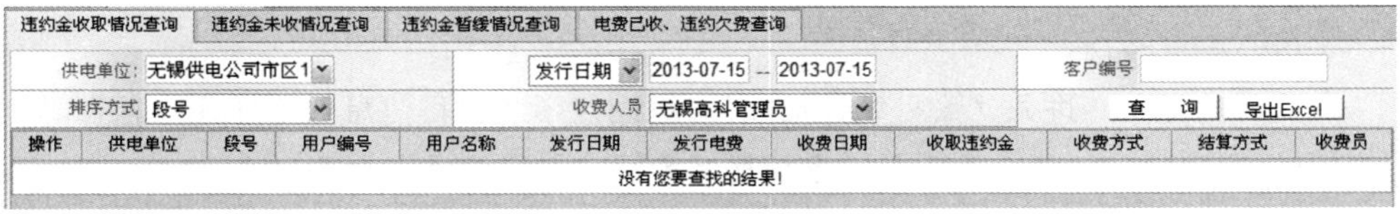

图 16-3-67　违约金收取情况查询

2）在"违约金收取界面"页面，选择『供电单位』、『发行日期』、『客户编号』、『排序方式』、『收费人员』，点击【查询】按钮，系统根据查询条件组合，显示相应的违约金信息。

3）在"违约金未收取查询"页面，选择『供电单位』、『发行日期』、『客户编号』、『排序方式』，点击【查询】按钮，系统根据查询条件组合，显示相应的违约金信息，如图 16-3-68 所示。

图 16-3-68　违约金未收情况查询

4）在"违约金暂缓情况查询"页面，选择『供电单位』、『发行日期』、『客户编号』、『排序方式』，点击【查询】按钮，系统根据查询条件组合，显示相应的违约金信息，如图 16-3-69 所示。

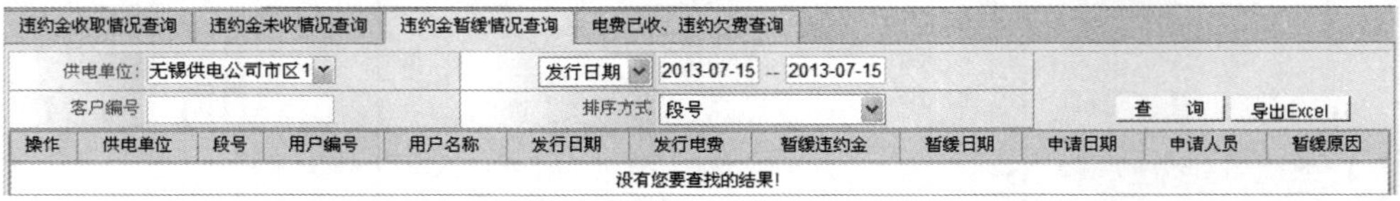

图 16-3-69　违约金暂缓情况查询

5）在"电费已收、违约金欠费查询"页面，选择『供电单位』、『发行日期』、『客户编号』、『排序方式』、『收费人员』，点击【查询】按钮，系统根据查询条件组合，显示相应的违约金信息，如图 16-3-70 所示。

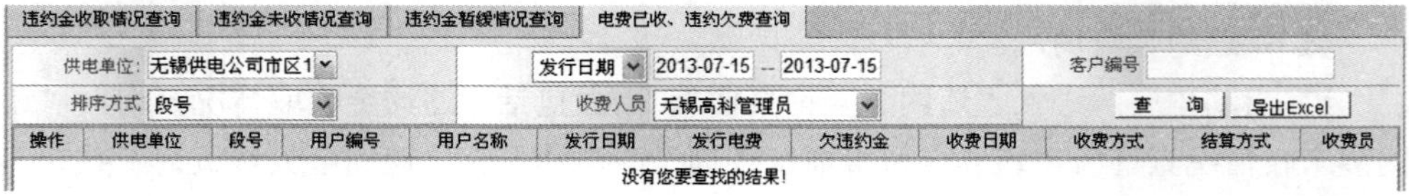

图 16-3-70　电费已收、违约欠费查询

（17）账目统计。

1）启动程序，进入"账目统计页面"。页面包括"科目信息"、"凭证信息"、"查询科目汇总表"共计 3 个标签页。系统初始激活"科目信息"标签页。

2）在"科目信息"页面，选择『科目版本』，点击【查询】按钮，显示相应的科目信息，如图 16-3-71 所示。

图 16-3-71 "科目信息查询"页面

3）在"凭证信息"页面，选择『会计时间』、『凭证类型』、『制作日期』，点击【查询】按钮，显示相应的凭证信息，如图 16-3-72 所示。

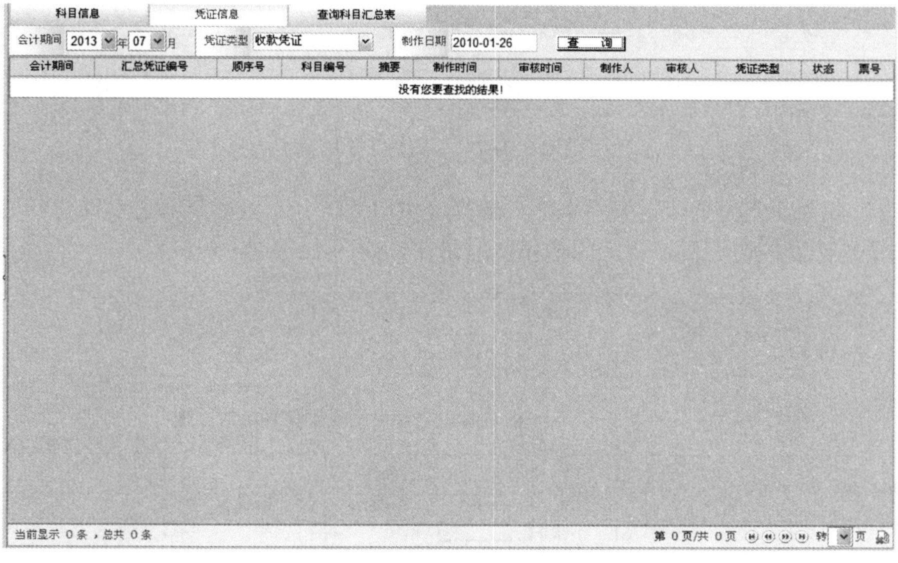

图 16-3-72 "凭证信息查询"页面

4）在"查询科目汇总表"页面，选择『记账单位』、『日期范围』，点击【统计】按钮，显示科目汇总信息，如图 16-3-73 所示。

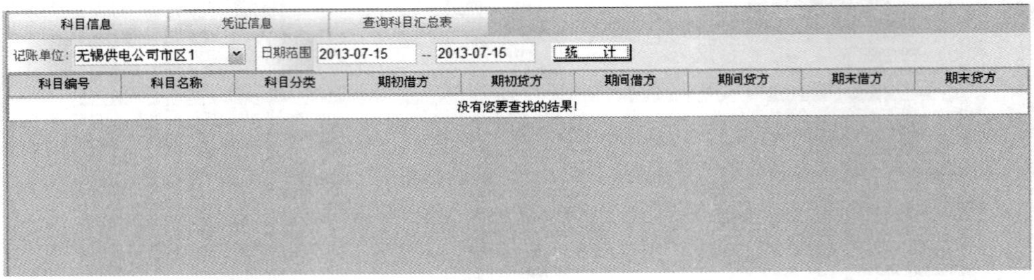

图 16-3-73　查询科目汇总表

（18）增值税登记。

1）启动程序，进入"增值税登记页面"。页面包括"增值税登记"、"增值税统计报表"共计 2 个标签页。系统初始激活"增值税登记"标签页。

2）在"增值税登记"页面，选择『供电单位』、『电费开始年月』、『电费结束年月』、『用户编号』、『抄表段号』、『状态』，点击【查询】按钮，显示相应的增值税信息，如图 16-3-74 所示。

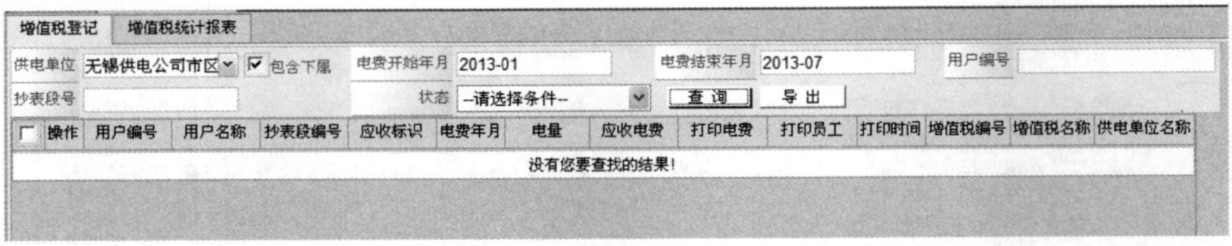

图 16-3-74　增值税登记

3）在"增值税统计报表"页面，选择『供电单位』、『开始年月』、『结束年月』，点击【统计】按钮，显示相应的纳税情况统计，如图 16-3-75 所示。

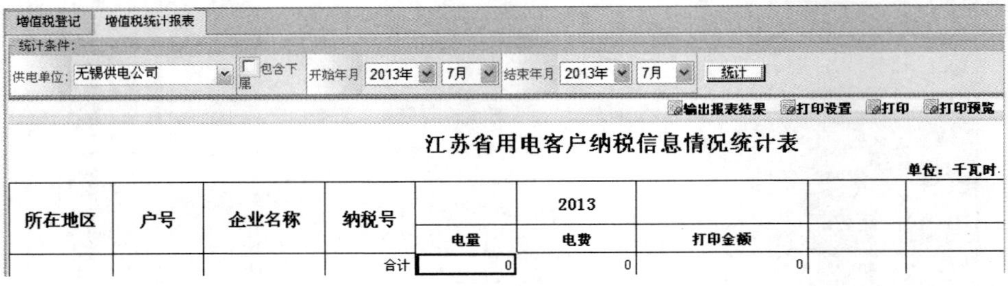

图 16-3-75　增值税统计报表

（19）95598 对账管理。

1）启动程序，进入"95598 对账管理"。页面包括"对账数据获取""对账处理""退账处理""入账处理""统计查询"共计 5 个标签页。系统初始激活"对账数据获取"标签页。

2）在"对账数据获取"页面，选择『供电单位』、『支付类型』，点击【查询】按钮，显示相应的对账数据，如图 16-3-76 所示。

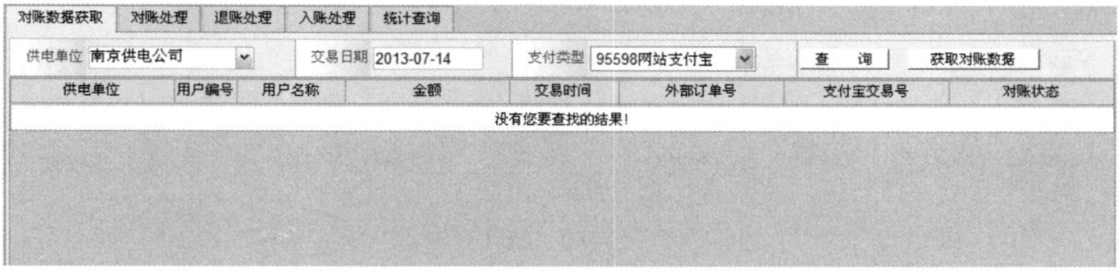

图 16-3-76　对账数据获取

3）在"对账处理"页面，选择『供电单位』、『交易日期』、『支付类型』，点击【对账】按钮，显示相应的对账信息，如图 16-3-77 所示。

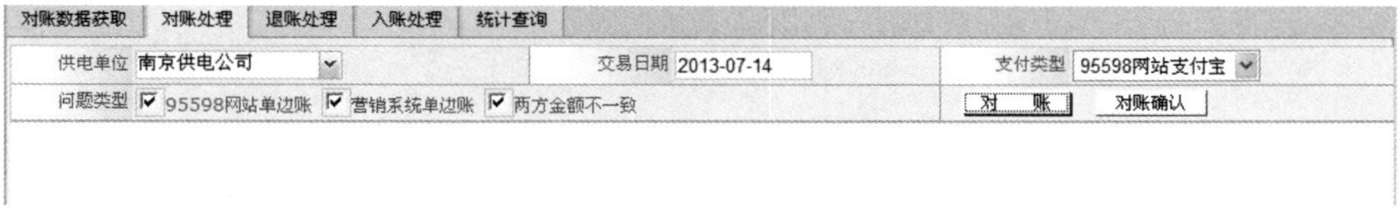

图 16-3-77　对账处理

4）在"退账处理"页面，选择『供电单位』、『交易日期』、『支付类型』，点击【退账】按钮，显示相应的退账信息，如图 16-3-78 所示。

图 16-3-78　退账处理

5）在"入账处理"页面，选择『供电单位』、『交易日期』、『支付类型』，点击【查询】按钮，显示相应的入账信息。再点击【入账】按钮，完成入账，如图 16-3-79 所示。

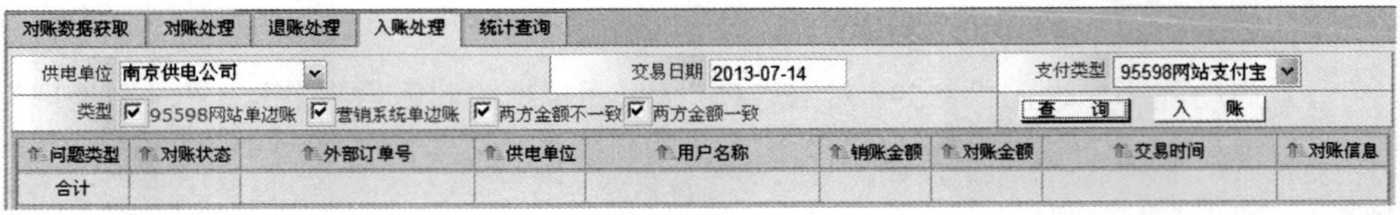

对账数据获取	对账处理	退账处理	入账处理	统计查询					
供电单位 南京供电公司 ▼				交易日期 2013-07-14			支付类型 95598网站支付宝 ▼		
类型 ☑ 95598网站单边账 ☑ 营销系统单边账 ☑ 两方金额不一致 ☑ 两方金额一致							查 询	入 账	
⇡问题类型	⇡对账状态	⇡外部订单号		⇡供电单位	⇡用户名称	⇡销账金额	⇡对账金额	⇡交易时间	⇡对账信息
合计									

图 16-3-79　入账处理

6）在"统计查询"页面，选择『供电单位』、『交易日期』、『支付类型』，点击【查询】按钮，显示相应的入账信息，如图 16-3-80 所示。

对账数据获取	对账处理	退账处理	入账处理	统计查询					
供电单位 南京供电公司 ▼				交易日期 2013-07-14 -- 2013-07-14			支付类型 95598网站支付宝 ▼		
类型 ☑ 95598网站单边账 ☑ 营销系统单边账 ☑ 两方金额不一致 ☑ 两方金额一致						□ 按日汇总	查 询	导出Excel	
⇡问题类型	⇡对账状态	⇡外部订单号		⇡供电单位	⇡用户名称	⇡销账金额	⇡对账金额	⇡交易时间	⇡对账信息
合计									

图 16-3-80　统计查询

参 考 文 献

[1] 国家电网公司人力资源部组编. 农网配电（上、下）. 北京：中国电力出版社，2010.

[2] 国家电网公司人力资源部组编. 农网营销（上、下）. 北京：中国电力出版社，2010.

[3] 国家电网公司人力资源部组编. 供用电常识. 北京：中国电力出版社，2010.

[4] 赵全乐. 线损管理手册. 北京：中国电力出版社，2007.

[5] 国家电网公司农电工作部. 农村供电所人员上岗培训教材. 北京：中国电力出版社，2006.